纺织服装高等教育"十三五"部委级规划教材

秦晓 朱琪 吴益峰 主编

U0377392

针织服装设计（第二版）

东华大学出版社

·上海·

编号：2016-1-097

内容提要

本书主要讲述了裁剪类针织服装和成型类针织服装的设计。文中结合针织服装的特点,重点从面料设计、色彩设计、款式设计、结构设计等方面介绍针织服装设计的方法和特点,同时通过一些设计实例说明针织服装设计的具体应用,使读者基本掌握针织服装的设计方法,为从事针织服装设计奠定基础。本书可作为纺织院校针织、服装专业的教材,也可供相关设计人员学习、参考。

图书在版编目(CIP)数据

针织服装设计/秦晓,朱琪,吴益峰主编. —2 版.

—上海:东华大学出版社,2018.8

ISBN 978 − 7 − 5669 − 1453 − 8

Ⅰ.①针⋯　Ⅱ.①秦⋯ ②朱⋯ ③吴⋯　Ⅲ.①针织物

—服装设计—高等学校—教材　Ⅳ.①TS186.3

中国版本图书馆 CIP 数据核字(2018)第 170135 号

责任编辑　杜燕峰
封面设计　魏依东

针织服装设计(第二版)
ZHENZHI FUZHUANG SHEJI

主　　编:秦　晓　朱　琪　吴益峰

出　　版:东华大学出版社(地址:上海市延安西路 1882 号　邮政编码:200051)
本 社 网 址:http://dhupress.dhu.edu.cn
天猫旗舰店:http://dhdx.tmall.com
营 销 中 心:021-62193056　62373056　62379558
印　　刷:苏州望电印刷有限公司
开　　本:787 mm × 1092 mm　1/16
印　　张:15.75
字　　数:394 千字
版　　次:2018 年 8 月第 2 版
印　　次:2018 年 8 月第 1 次印刷
书　　号:ISBN 978 − 7 − 5669 − 1453 − 8
定　　价:46.00 元

前　言

本教材修订的基本思路是:创造机会让学生动手实践,适应"项目教学法""引导教学法""案例分析法"等有效的教学方法,按照"项目引领、任务驱动""突出技能、注重创新"的原则修订。本教材的修订,引入企业技术标准和对应的职业标准及岗位要求,始终围绕基于产品的"教、学、做"一体化教学理念,适应"任务驱动、项目导向"的教学方式,以真实企业订单为教材的主要实例内容,以最终产品为教学目标,让学生在动手过程中进行理论知识的学习和掌握。

本教材按照"项目引领、任务驱动""突出技能、注重创新"的原则编写。教材内容每一个任务目标明确,"知识准备"图文并茂、通俗易懂,"技能训练"循序渐进、难易适度,特别注重知识的系统性和项目的实用性。

同时,本教材结构层次分明,语言清新简洁。适应分层次差别化教学的需求。教材编写紧密联系企业生产实际,由长期担任兼职教师的企业专家及富有教学经验的两校专任教师编写,大部分实例来自企业,充分体现"产学合作、校校联合""理实融合、学做一体"的现代高等职业教育理念。

本教材内容共分5个项目28项任务,"知识准备"图文并茂、通俗易懂,"技能训练"循序渐进、难易适度,特别注重知识的系统性和项目的实用性。本书既可作为高等纺织院校针织服装及相关专业学生教材,也可供从事针织服装工作的相关人员使用。

本教材由盐城工业职业技术学院秦晓、吴益峰和杭州职业技术学院朱琪担任主编,江苏华艺时装集团股份有限公司的夏仁东,西安工程大学的毛莉莉,杭州职业技术学院朱琪、袁菁红,盐城工业职业技术学院王变荣参与编写。教材中,项目一之任务一由吴益峰、秦晓共同编写,任务二、任务三由朱琪编写;项目二之任务一由王变荣编写,任务二由秦晓、夏仁东编写,任务三、任务四由朱琪编写;项目三之任务一、任务二、任务四、任务七由朱琪编写,任务三、任务五、任务六、任务八由秦晓编写,任务九由袁菁红编写;项目四之任务一、任务二由吴益峰编写,任务二、任务三、任务四秦晓编写,任务五、任务六由秦晓、毛莉莉共同编写,任务七由毛莉莉、王变荣编写;项目五任务一、任务二、任务三由袁菁红编写,项目五任务四由秦晓编写。全书由秦晓整理统稿,吴益峰审定。

本教材编写得到西安工程大学、江苏华艺时装集团股份有限公司的大力支持,在此一并表示感谢。由于编者水平和经验所限,书中纰漏之处在所难免,敬请各位专家、读者批评指正。

编者

2018 年 7 月

目 录

解读针织服装 | 项目一

    针织服装作为服装的重要分支,以其款式多变、穿着舒适、体现时尚与品位而日益受到人们的青睐。本项目要求学生充分认识针织服装,全面了解裁片类针织服装和成型类针织服装,掌握针织服装的发展趋势以及种类。

    本项目由三项任务组成,即认识针织服装、认知裁片类针织服装的分类、认知成型类针织服装的分类。

任务一   认识针织服装

1   任务描述

近年来,人们生活崇尚休闲、舒适、运动。针织服装发展迅速,成为时下备受关注和欢迎的服装品类,且逐渐朝着时装化、外衣化等方向发展。同时,新材料、新工艺、新技术在针织服装中的应用,使针织服装穿着更加舒适、性能更加优异。在现代生活中,针织服装已经占有非常重要的地位,成为人们生活中必不可少的服装品类。那到底什么样的衣服算是针织服装?针织服装的发展又是怎样的呢?

2   任务目的

通过该任务的学习与实践,掌握针织服装的基本概念,了解针织服装的发展情况。

3   知识准备

3.1   针织服装的概念

针织服装是指以针织面料为主要材料制作而成或者用针织方法直接编织而成的服装。

针织服装以其柔软、舒适、贴体、透气等优良性能形成独特风格,服用领域广阔,是近些年发展迅速的服装品种。

3.2   针织服装的发展

3.2.1   针织服装的起源与发展史

《圣经》中记载,耶稣被捕时,身上穿的便是一袭无缝合线的针织长衫。织物作为传承文明的极好方式,说明针织作为一种民间技艺,可以追溯到两千年前。1588年,西班牙国王菲利普二世派征英国的无敌舰队上的西班牙人,教会苏格兰费尔岛上小农场的佃农,用当地的植物作染料染毛线并编织,形成了直至今日仍广为流传的费尔岛花型(图1-1)。大约公元250年,埃及人就开始穿着非常漂亮小巧的科普特便鞋短裤。欧洲中世纪用于礼拜仪式的精美手套,其编织费工、价值昂贵,成为穿戴着财富的象征。公元1100年左右的具有精美图案的针织短裤,由于埃及干燥的空气和温暖的黄沙而得以保存,成为现存最早的真正的针织品。

图1-1　费尔岛花型毛衫

16世纪以前,针织产品一直处于服装配件的地位,针织服装主要是内衣。现在能看到的最古老的碎片是哥本哈根发现在的一只17世纪的针织袖子,之后便出现了手工编织的渔夫衫。直到1817年,英国的马歇尔·塔温真特发明了针织机和带舌的钩针,欧洲袜业迅速发展,由此,针织品从袜子、内衣扩展到外衣等品种。自第一次世界大战,针织品需求量大增,1920年左右开始流行毛衣。

在我国,手工编织技术历史悠久、技艺高超,最早的记载是3世纪初曹魏时期文帝曹丕之妃的成形袜子。1896年,我国第一家针织厂在上海成立,针织工业正式开始。20世纪50年代初,针织服装主要以内衣为主,少量外衣织物则以横机织物呈现,从20世纪80年代初开始,针织服装的品种、质量和生产数量得到高速发展。目前,针织服装的设计与开发在整个服装的生产和发展中已占有相当重要的地位,并有着广阔的发展前景。

3.2.2　针织服装的发展趋势

从巴黎到米兰,从东京到纽约,世界各大时装中心的T台上正演绎着轰轰烈烈的针织新篇。针织时装已经成为许多世界名牌时装公司的主打外衣产品,其多元化、个性化的发展新观念已经广泛为人们所接受。

最初的针织服装以内衣的形式出现在人们的生活中,随着针织工业的不断发展,从内衣到广告衫、文化衫,再到现在的各种样式,针织服装由于具有生产性和应用性两方面的突出优点,在我国服装市场上发展迅速。同时,随着人们生活水平和文化品位的日益提高,其着装理念也在发生新的变化,由过去传统的注重结实耐穿、防寒保暖转变为当今的崇尚时尚自由、运动休闲,强调舒适合体、随意自然又美丽大方,更加青睐于个性与时尚能够完美结合的服装。针织服装恰恰迎合了人们的这些需求,事实也证明,针织服装以它独特的织物风格等特性在人们的生活中扮演着越来越重要的角色。

（1）新型面料的使用

① 异形截面纤维

杜邦公司研制的高科技纤维Coolmax®是通过四管道纤维迅速将汗水和湿气导离皮肤表面向外分散,即刻保持皮肤干爽舒适。此针织面料贴身穿着,即使人体流汗,皮肤与服装表面都不会留下汗渍,能够持久保持舒爽透气,冬暖夏凉,并且面料轻而软,使人体倍感轻松。

Twinair™、Sunlite®、葆莱绒等中空纤维,其独特的结构使纤维包含大量静止空气,能为织物带来轻质弹性、良好透湿性以及舒适的保暖效果,广泛用于各类针织服装中。

② 功能型针织面料

随着经济发展和人们生活水平的提高,健康已经成为人们关注的焦点。各种保健针织内衣因其能够调节人体微循环,促进人体新陈代谢,具有远红外保健作用等备受人们关注。麦饭石功能纤维、罗布麻纤维、磁性纤维、负离子纤维等功能型针织服装对人类有保健作用,对某些疾病在一定程度上可以起到防护甚至治疗的功效。

另一方面,针织服装的舒适性一直以来都是备受关注的问题。空调纤维作为一种新型智能纤维,可以进行纯纺或者与棉、毛、丝、麻等各类纤维混纺交织,应用于各类针织服装中。空调纤维又称相变纤维,其于1988年开发成功,最初是美国太空总署为宇航员制作登月服装而研发的。空调纤维中的关键技术是使用微胶囊包裹的热敏相变材料,使针织服装能保持在一个舒适的温度范围。

③ 再生纤维

由于耕地的减少和石油资源的日益枯竭,天然纤维和合成纤维的产量将会越来越受到制约,人们在重视纺织品消费过程中环保、健康的同时,对再生纤维素纤维的价值进行了重新认识和发掘。从第一代再生纤维素纤维黏胶到富强纤维、Modal纤维,再到以Lyocell、Newcell为代表的新一代溶剂法再生纤维素纤维,越来越多的再生纤维素纤维原料应用到针织服装当中,其绿色、环保、健康的一面得到了人们的广泛认可。

我国自主研制开发的大豆蛋白纤维,以其羊绒般的手感、真丝般的光泽,以及生产过程不会污染环境等特性被专家誉为"21世纪健康舒适型纤维"。大豆蛋白纤维含大豆蛋白质,与皮肤亲和力好,手感柔软、吸湿导湿性好,纤维中含有抗菌剂,具有保健卫生功能,特别适合于针织内、外衣的产品。另外,牛奶、蚕蛹等蛋白纤维也在针织服装面料领域崭露头角。

④ 特殊效果针织面料

在针织圆纬机上采用金丝或银丝与其他纺织原料交织,其面料表面会产生强烈的反光闪色效应;或采用镶金方法,在针织面料上形成各种闪光效应的图案,而面料反面平整、柔软舒适,是比较好的针织服装面料。用这种针织面料设计的紧身女时装以及晚礼服,会透过闪光面料耀眼、浪漫的风格,展示出针织服装光彩照人、华贵亮丽的韵味,全方位地表现针织服饰的风采,为产品开发提供了广泛的前景。

竹节纱是在纺纱过程中通过改变瞬时牵伸倍数或增加附加纤维,使在纱线长度方向上产生符合一定要求粗节的纱线。用竹节纱织成的织物布面呈现无规律的竹节样波纹,形似雨点或云斑,风格立体、丰富、朴实,多见于牛仔布、高档衬衣、装饰用品、床上用品等。目前,针织服装面料也广泛采用竹节纱,其风格独特、服饰性能好,深受消费者喜爱。

（2）针织服装的外衣化、时装化发展趋势

目前,针织服装业正在进入一个多功能、时尚化的阶段,针织外衣正是发展中一个新的增长点。针织服装质地柔软、吸湿透气性能好,具有优良的弹性与延伸性,能满足人体各部位的弯曲、伸展,穿着舒适、贴身合体、无束缚感,并能充分体现人体曲线。同时,针织面料具有各种各样不同的组织和花纹,完全能够满足外衣化生产的需求。不同的针织外衣可以采用不同的组织、不同的纱线来生产以达到满意的设计效果和服用条件(图1-2)。

图 1-2　针织服装的外衣化　　　　　图 1-3　波希米亚风格的针织服装

随着生活质量的不断提高以及与国际接轨的不断深入,人们对针织服装的概念也发生了极大的变化。近几年来,针织服装以它独特的织物风格特性在流行服饰中的比例不断上升,针织服装时装化的程度也不断加大。2008年春夏席卷整个时装界的Bohemian(波希米亚)风也促使针织服装与时装的关系更加紧密(图1-3)。Bohemian,一般被译为波希米亚,原意指豪放的吉卜赛人和颓废派的文化人。然而在今年的时装界甚至整个时尚界中,波希米亚风格代表着一种前所未有的浪漫化、民俗化、自由化,是时尚的象征。

（3）针织服装的民族化发展趋势

随着科学与信息技术的飞速发展,人与人之间的交流日益密切,服装的"全球化"和"民族化"趋势也日渐突出。服装的民族化并不是指某种民族服装款式,而是能够体现民族精神、民族风格的服装,例如法国时装、意大利时装等。中国的传统服饰文化历史悠久,花鸟印花、图腾刺绣、盘扣滚边等,都是针织服装值得借鉴的题材和装饰手法。

在传统与时尚相互冲击的当代社会,针织服装与民族风进行了有机的融合,针织服装民族化逐渐成为人们追求的新热点。针织服装在款式设计、色彩应用、图案设计等方面都融入了大量的民族元素,寓传统与时尚为一体,通过一些技术手段来增加针织服装的现代感(图1-4)。

图1-4　具有民族风格的针织服装

（4）针织服装的拼接化发展趋势

针织服装的拼接化是当代针织服装的又一大突出特点。突破了传统、单一的针织横条纹,不同颜色、不同材质、不同风格等的拼接使针织服装散发出自身独特的魅力(图1-5)。

图1-5　针织服装的拼接

色彩是服装的灵魂,针织服装选用不同色相、不同色调、不同明度的颜色进行拼接,打破了单一色彩带来的单调、乏味感。在针织服装上拼接机织面料或采用皮草进行搭配,是近几年来较为流行的针织拼接手法。由于这几种面料在织物组织、织造方法等方面的不同,其质地、性能也有所不同,从而形成对比、差异感。同时,不同材质面料的相同或相异色调又可以使针织服装在变化中达成统一或对比。不同款式风格的拼接也使针织服装拼接化的内容更加丰富多彩。

当前,针织服装发展迅速,在人们生活中扮演的角色也越来越重要。当代针织服装改进传统的面料选择,采用新型的工艺技术和缝制方法,使针织服装在外衣化、民族化、国际化、时装化等方面有了较大的突破。同时,针织服装以其穿着舒适、风格飘逸及较高的性价比等特点赢得了广大消费者的喜爱。

4 技能训练

(1)小组讨论:什么样的服装属于针织服装?

(2)调研当前季节流行的针织服装,并撰写调研报告、制作 PPT 在班级内共享。

(3)你能根据自己对针织服装的了解说出针织服装的发展趋势吗?

任务二 认知裁片类针织服装

1 任务描述

针织服装的种类很多,主要可以分为裁剪类和成型类两大类别,它们的设计和工艺方法都不相同。该任务详细地描述了裁片类针织服装各个不同种类的知识要点,根据分类列举了一些常见的裁片类针织服装款式,并配合图片展开介绍,深化不同种类的针织服装款式印象。最后,通过技能训练题和技能实例进一步加强对裁片类针织服装分类的认知。

2 任务目的

能根据裁片类针织服装的分类方法,分辨出各种不同类别的针织服装款式,认知它们的外部廓型和款式要点。

能搜集各种不同类别的裁片类针织服装,并进行归类。

3 知识准备

裁片类针织服装是指将针织胚布按设计的样板和排料图裁剪成各种衣片,再缝制而成的针织服装。裁剪类针织服装种类丰富,大部分休闲外衣和针织内衣都属于此类。进入 21 世纪以来,裁剪类针织服装的外衣化、个性化、时尚化的发展趋势顺应了人们生活方式的变化,在现代服装中占据越来越重要的地位,人们的选择范围不仅仅局限于 T 恤和运动衫,舒适而不失格调的面料已经广泛地进入时尚类外衣,甚至涉及礼服等高端产品领域,成为现代人着装方式中不可缺少的一部分,具有广阔的发展前景和巨大商机。裁剪类针织服装,主要可以分为以下几个类别。

3.1　T恤

　　T恤衫是"T-shirt"的音译名,17世纪,T恤是美国安纳波利斯码头的工人在卸茶叶时所穿着的一种短袖衣,人们也就自然而然地从茶叶的英语"TEA"中借了一个"T"字来称呼它。同时,因为T恤衫的形状被设计成简单的英文字母"T"型,所以被称为T恤衫。

　　T恤的基本款式为半开襟、三粒扣的短袖翻领衫,或罗纹圆领短袖衫。与其他针织服装相比,T恤衫的结构比较简单,款式设计通常集中在领口、肩袖、下摆部位,同时运用色彩、图案、材质及各类辅料装饰的变化,以及印花、绣花、烫钻等各类工艺装饰,进行样式的更新(图1-6和图1-7)。

图1-6　针织T恤

图1-7　宣传T恤

T恤常用的面料有全棉针织布、棉与化纤交织针织布、丝织针织布和化纤混纺针织布等。针织面料具有手感好、透气性强、弹性佳、吸湿性强及穿着舒适、轻便等特点，其中化纤针织面料还具有尺寸稳定、易洗快干和免烫等优点。

在日常穿着上，T恤有其独立的定位，也由于其穿着舒适、简约时尚，而深得人们的喜爱，从而成为人们夏季着装的最佳选择。T恤，不但是假日休闲的重要单品，也可搭配外套、皮衣、背心等穿着，甚至在办公室等正式场所也可穿着。

除了日常穿着之外，T恤还扮演着广告宣传的重要角色，通过装饰特定的文字、商标、徽记等被用于商业、公益、宣传活动等各种场合。

3.2　针织运动服

针织运动服是指竞技类专业运动服及休闲类运动服。专业运动服与休闲运动服有所不同，专业运动服是参加各种竞技类运动时穿的服装，包括各类比赛服，如泳装、体操服、网球服、自行车服、登山服等。其目的是为让运动员在运动中不受衣服的束缚，尽可能地提高运动成绩。体闲运动服也称为运动便装，是普通消费者把运动服作为便装来看待，把运动服装的宽松、穿着方便、不碍活动视为不妨碍工作、生活，比较"随便"的特点，包括一般日常休闲运动服和户外运动服等。在设计上偏重舒适、时尚等特点（图1-8～图1-10）。

图1-8　针织运动休闲短袖套装　　图1-9　泳装　　　　　　　图1-10　网球服

专业运动服在款式上注重实用性和审美性，例如多采用连肩袖的剪裁方式，接片较少，或是背心式，可以减少手臂摆动时造成的衣服与身体的摩擦，增加舒适性；腰部采用松紧带外加抽绳系带，以防止运动中滑脱。色彩的选用上，除标志色外，一般根据项目特点和环境来配置，通常颜色都较为醒目。面料选用应考虑吸湿性、透气性及摩擦、符合动作牵伸需要等因素，以利于运动技能的发挥和创造最佳的运动成绩。休闲类运动服在设计上借鉴运动服装的元素，款式宽松、随意，具有穿着舒适、行动方便等特点。

3.3　针织休闲外套

针织休闲外套是以针织圆机面料为主要面料制作的裁片类针织服装，这类服装以宽松舒适、休闲随意为设计特色，借鉴梭织外套中的各种设计元素，例如分割线、抽褶、系带等，款式时尚多样,结构造型富有变化。设计师结合流行元素,通过在领、肩、袖、门襟、腰部、下摆、口袋等局部的造型变化,并运用印花、绣花、烫钻等多种工艺手法,不断创造出新颖的样式。针织休闲外套在款式外观上与梭织休闲类外套具有一定的相似性,但由于针织面料的特殊性能,很少用于制作要求挺括、抗皱、尺寸稳定性要求较高的服装,如西服、制服套装类,因而在款式、结构设计中要充分把握好这一点(图 1-11 和图 1-12)。

图 1-11　针织西装　　　　　　　　　　　　图 1-12　针织休闲外套

3.4　针织内衣

针织内衣是由针织面料缝制的贴身服装的总称,可分为贴身内衣、补正内衣、装饰内衣和家居服,主要包括背心、短裤、棉毛衫裤、文胸、紧身胸衣、睡衣、衬裙等。内衣是最贴近人体皮肤的服装,因此,舒适性和安全性是设计时首先要考虑的问题。由于针织面料优良的弹性,适于人体动作,因而成为内衣的首选材料。使用原料以纯棉纱线为主,辅之以棉混纺纱线、毛及毛混纺纱线,真丝、锦纶纱等;对弹性有特殊要求的产品还要适当加入弹性纱线(图 1-13)。

图 1-13　针织内衣

随着人们生活质量的提高,人们对内衣的卫生、保健、美化和装饰等功能提出了越来越高的要求。开发一些用保健性纤维编织的或经保健性功能整理的、具有防病治病功能的保健功能性针织内衣,也是针织内衣发展的趋势之一。

3.4.1 贴身内衣

贴身内衣是指直接接触皮肤,以保健卫生为目的的内衣。其主要有背心、短裤、棉毛衫裤等,分别由中、低特纯面纱织制,采用单面纬平针、单罗纹、双罗纹组织,柔软贴身,具有吸汗、舒适、保持或调节体温、卫生保健等功能。它是现代人生活中不可缺少的一个服装类别(图1-14)。

3.4.2 补正内衣

补正内衣指女用的文胸、紧身胸衣、束裤、束衣等,还包括服装用的各类称垫。补正内衣主要起到弥补身体缺陷、调整服装造型,增加身体曲线美的作用。

图1-14 针织棉毛衫裤套装

通常采用针织经编组织,利用材料和裁剪使身体达到抬高、支撑和束紧的作用,以矫正体型(图1-15)。例如,文胸能保护女性胸部维持理想的形态、位置和高度,并对扁平胸部和间距较大的胸部起到集中、聚拢的效果。

图1-15 针织补正内衣——束身衣

3.4.3　家居服

家居服从睡衣转化而来,但是现在的家居服早已摆脱了纯粹睡衣的概念,涵盖的范围更广。与传统睡衣、内衣不同,家居服是一个概念型产品,是一种生活方式的载体,一种温馨、时尚、轻松、舒适加文化的象征,承载着人们对高品质家居生活的追求。不但包括传统的、穿着于卧室的睡衣和浴袍、吊带衫、吊带裙,还有"出得厅堂"体面会客的家居装,也包括"入得厨房"的工作装,以及可以出户到小区散步的休闲装等。家居服的本身属性,其介于正装和内衣之间的魅力,非常适合未来人的休闲生活方式。

健康、舒适、简单、温馨、时尚都是当代家居服设计的主线,由于当今内衣制品变得越来越柔软,并且在21世纪发展的趋势是使用更超薄超软的面料和多层处理更软更新的手感,所以将出现更丰富、更细致的家居服装。同时由于时尚的魅力越来越受推崇,时尚的影响已无处不在,今后的家居服也会像时装一样,呈现出更时尚、更美丽的面貌(图1-16)。

图1-16　外衣化的针织家居服

4　技能训练

4.1　技能训练实例

问:裁片类针织服装常见的样式有哪些?

答:裁片类针织服装常见样式有T恤、针织运动服、针织内衣、针织休闲外套等。

4.2　技能训练题

搜集裁片类针织服装图片,T恤、针织运动服、针织内衣、针织休闲外套各五款,要求款式新颖,设计元素丰富。

任务三　认知成型类针织服装

1　任务描述

该任务详细描述了成型类针织服装的各个不同种类的知识要点,根据分类列举了一些常见的成型类针织服装款式,并配合图片展开介绍,深化不同种类的针织服装款式印象。最后,通过技能训练题和实例进一步加强对成型针织服装分类的认知。

2　任务目的

能根据成型类针织服装的分类方法,分辨出各种不同类别的成型针织服装款式,认知它们的外部廓型和款式要点。

能搜集各种不同类别的针织服装,并进行归类。

3　知识准备

成型类针织服装是指根据工艺要求,将纱线在针织机上进行编织,通过收针和放针,编织出成型衣片或各个零部件,然后经过缝合加工而成的针织服装。毛衣、袜子、手套、围巾等多属此类。由衣片的成型程度又可分为全成型和半成型两类。全成型衣片按照严格的尺寸要求设计工艺,在针织机上编织出的衣片只需进行缝合即可成衣,这类服装设计生产的工艺设计要求和成本均较高。半成型则还需将衣胚做部分裁剪,如开领口、挖袖窿等,再进行缝合。随着电脑横机技术的开发和运用,成型类针织服装的品种越来越多,种类丰富,主要可以分为针织毛衫和针织配件两大类别。

3.1　针织毛衫

3.1.1　针织套头衫

针织套头衫是指直接从头部套进去的毛衫,整件服装仅从头部开口,便于穿套。针织套头衫分为紧身型和宽松型两种,一般款式造型较为休闲,便于搭配。领部造型根据开口的形状不同,可分为高领针织衫、V领针织衫、圆领针织衫、翻领针织衫、垂领针织衫等其他时尚的领型衫。另外,设计师们在袖口、下摆处也有着不同的设计,创造出款式多变的针织套头衫(图1-17)。

图1-17(a)　套头毛衫1

图 1-17（b）　套头毛衫 2

3.1.2　针织开衫

　　针织开衫，也称为针织开襟衫，在毛衫的前身对分为两个衣片，用扣子、拉链或其他辅料进行扣合连接。领口和门襟进行滚边工艺处理，肩线、腰线自然合体，款式简洁大方，是一种经典的针织毛衫造型。针织开衫可以在门襟、袖口、下摆等多处进行装饰设计（图 1-18）。

图 1-18　针织开衫

3.1.3 针织背心

针织背心可以分为套头背心和开衫背心两种,无袖结构。一般搭配衬衫、T恤或连衣裙穿着(图1-19)。

图1-19 毛衫背心

3.1.4 针织外套

针织外套,也称针织大衣,款式倾向合体或宽松的造型特点,面料手感厚重,营造出温暖休闲的感觉。随着生产技术的提高,毛衫的款式种类变得越来越丰富,已不局限于开衫、套衫等传统的款式,在国际化设计潮流的引领下,现代的毛衫款式造型丰富,时尚元素汇集,不同材质的组合设计也拓宽了毛衫设计师的设计领域。近年来,针织外套逐渐作为秋冬季的流行款式登上时装舞台,受到了越来越多消费者的青睐(图1-20)。

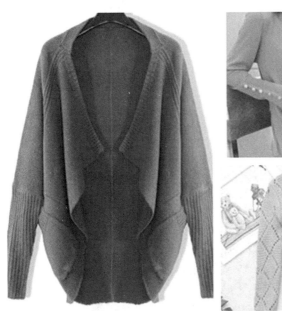

图 1-20　毛衫外套

3.1.5　针织裙装

　　针织裙装可分为针织连衣裙和针织半裙。其中,针织连衣裙是衣片和裙子相连的单品。针织裙装在针织服装种类中所占比例较低,但由于针织连衣裙的良好舒适感,现在被越来越多的人们所接受。在礼服设计中也出现了针织裙装,设计师们成功地运用各类纱线设计出款式精美、造型优雅的礼服,各种不同材质的组合运用也为毛衫礼服增添了不少看点(图 1-21 和图 1-22)。

图 1-21　针织成型裙

图 1-22　粗棒针系列针织毛衫作品

3.2 针织配件

针织配件包括帽子、围巾、手套、袜子等。作为辅助的配套用品,除了保暖御寒的实用功能外,同时也具有很好的装饰性,是营造整体风格造型的重要饰物,具有不可替代的重要作用(图1-23)。

图 1-23   针织配件

3.2.1   针织帽

顾名思义,针织帽是以纱线为原料制成的帽子,适合各年龄段人群在秋冬季佩戴。在寒冷季节,很多人在户外都选择针织帽保暖,但是许多年轻时尚人士通常会把时尚的针织帽作为穿衣时的配搭。目前,针织帽的样式不断推陈出新,功能也从传统单纯的保暖功能变得丰富多样。

3.2.2   针织围巾

针织围巾在秋冬季围巾中占有相当大的比重,其色彩、图案、组织变化丰富,能适合不同服装配饰的需要。即是颈部保暖的服饰品,也是服装搭配造型中不可缺少的搭配单品,同时,选择合适的色彩、图案也能起到修饰脸型的作用。

3.2.3　针织手套

针织手套的种类较多,可分为分指手套:每只有五根分开的长袋装手指;连指手套:拇指分开,其余四根手指连在一起;半指手套:每根手指部分不闭合,只遮到第一节;无指手套:没有手指部分,在指跟处开口。分开的手指越少,对手指的保温效果也越好,但同时限制了手部的活动。半指和无指手套除了装饰外,比分指手套的手指灵活性也有增加。针织手套在御寒的同时也兼具装饰功能,设计师将手套、围巾、帽子设计成系列化的产品,搭配时整体感更强。

3.2.4　针织袜

针织袜是一种穿在脚上的服饰用品,起着保护脚和美化脚的作用。按原料可分为棉纱袜、毛袜、丝袜和各类化纤袜等;按造型则分为长统袜、中统袜、短统袜、连裤袜等;按照生产工艺则分为平口袜、罗口袜,提花袜、织花袜等多种式样和品种。袜子虽然只是个"配角",可在流行敏感度上却是一点不逊于时装。设计师在袜子的设计细节上充分汲取时装上的流行元素,运用活跃生动的条纹、时髦的花朵、动物的图形,让袜子的表情变得格外丰富。

4　技能训练

4.1　技能训练实例

问:成型类针织服装常见的样式有哪些?

答:成型类针织服装常见样式有针织套头衫、针织开衫、针织背心、针织裙装、针织外套、针织帽、针织围巾、针织手套、针织袜。

4.2　技能训练题

搜集成型类针织服装图片,针织套头衫、针织开衫、针织背心、针织裙装、针织外套、针织配件各五款,要求款式新颖,设计元素丰富。

针织服装的基础设计 | 项目二

　　在针织服装的设计中,面料、色彩、款式是三个重要的、不可或缺的方面。本项目要求学生通过针织服装的面料设计、色彩设计、造型设计、装饰设计、风格设计等针织服装设计要素的系统学习和技能训练,能够熟练掌握并进行不同款式的针织服装设计。

　　本项目由五项任务组成,即针织服装的面料设计、针织服装的色彩设计、针织服装的造型设计、针织服装的装饰设计、针织服装的风格设计。

任务一 针织服装的面料设计

1 任务描述

款式、面料和色彩是构成服装造型的三要素,其中,面料占重要的地位。尤其是对于针织服装,面料的性能、外观及其与辅料搭配后参与款式构成,是服装设计的重要内容。同时,针织面料的性能对针织服装的款式造型设计、结构设计以及缝制工艺设计等都会产生较大的影响,只有熟练掌握针织服装面料设计的方法和技巧,才能在设计和生产中扬长避短,全面提升针织服装的设计含量及产品质量。

2 任务目的

通过该任务的学习与锻炼,掌握针织服装的面料设计,注意针织服装设计与制作过程中与梭织服装的异同,充分发挥针织面料的优势,展示针织服装的独特之美。

3 知识准备

3.1 针织服装的面料

3.1.1 常见的针织面料

针织面料是指各种编织工艺所生产的针织坯布供裁剪用的非成型编织品。针织面料按加工工艺,可分为纬编针织物和经编针织物两大类,其中每一类又可分出各种组织结构。针织面料也可按所用原料的类别加以命名,如纯棉针织坯布、化纤针织坯布、涤棉交织汗布、黏涤混纺棉毛布等。按用途针织面料还可分为内衣面料、外装面料、装饰用或产业用布等。针织物的结构单元是线圈,这使它从外观到性能与梭织物都有较大差别。

各种天然纤维(棉、毛、丝、麻),人造纤维(黏胶纤维、醋酯纤维)以及各种合成纤维(锦纶、涤纶、腈纶、丙纶)等纱线都可用于生产针织面料。各种纤维的性能直接影响其所构成的面料的性能,而运用混纺纱或进行不同纤维纱线的交织工艺是改善织物性能的重要途径。

(1)棉针织物

棉针织物具有吸湿性好、耐热、耐水洗、耐碱、体肤触感好等优良特性,是缝制各种内衣、婴儿服、便服、运动服及夏季外衣的良好材料。纯棉针织外衣一般采用纤维较长的高级原棉,并要对纱线或坯布进行丝光整理和防缩防皱整理以提高光泽和挺度。此外,与麻、腈纶、锦纶、涤纶等纤维混纺或交织也被广泛采用。

曾在市场流行一时的"丝盖棉"针织物就是表面用涤纶长丝,里面用棉纱交织而成,它既有纯棉产品透气、吸湿等优良性能,又有涤纶织物美观光泽、抗皱免烫、易洗快干等特点,被广泛用来缝制运动服装和外衣。在"回归自然"的潮流中,纯棉制品深受青睐,尤其是用精梳高支棉纱织制并经丝光整理的高级"乔赛"面料,更宜制作夏季的外衣时装。

(2)毛针织物

毛针织物触感柔软,抗皱性、弹性、保暖性、吸湿性均很好,耐酸不耐碱,在碱液中易"毡化",易虫蛀。毛纱或毛线主要用于成型或半成型编织(如羊毛衫等),也可用毛与腈纶或涤纶混纺纱织制针织"乔赛"坯布以缝制针织外衣或手套等。

（3）绢丝针织物

绢丝针织物质地轻软，富有光泽和弹性，但是对织造加工条件非常严格，织造、设计和缝制等技术难度较高，目前生产量很少，主要用来制作高级的夏令内衣和外衣。

（4）麻针织物

麻的品种很多，用于针织生产的主要是苎麻和亚麻纤维。麻针织物触感凉爽，吸湿性好，强力是羊毛的4倍，湿态强力比干燥时增加70%。精漂亚麻织物有绢丝般的光泽，水分的吸收及发散容易，是夏令时装的理想面料。高级针织外衣及袜品常用苎麻与其他纤维的混纺纱编织，如苎涤纱（苎麻60%，涤纶40%或苎麻35%，涤纶35%），苎毛纱（苎麻25%，毛75%），苎腈纱（苎麻35%，腈纶65%）等，多用横机或圆纬机织制。

（5）锦纶针织物

锦纶纤维强力和保温性好，耐磨性最优，耐酸、耐碱，防虫蛀，染色性好，并有热可塑性，可以作永久性变形加工。弹力锦纶纱常用圆纬机、横机或经编机织制各种运动衣、游泳衣、尼龙弹力衫或外衣坯布。

（6）涤纶针织物

涤纶纤维强力、弹性、抗皱性和耐热性均好，可进行永久性免烫整理和打褶加工，易洗快干，有"洗可穿"之称。各种涤纶弹力丝经编坯布是缝制外衣、衬衫、百褶裙的理想面料。

涤纶、锦纶等合成纤维由于吸湿性较差，穿着时不吸汗，有一种闷热感，而且易产生静电，吸尘污严重，因此用来制作贴身内衣是不适宜的，一般应与棉、麻、毛等纤维进行混纺和交织。

目前国际市场上流行一种超细涤纶长丝〔单丝0.011tex（0.1旦）以下〕，并利用特殊纺丝工艺纺出各种截面形状的异型纤维，总称为"新合纤"，它具有许多优良特性，是加工仿真丝、仿麂皮针织物的主要原料。某些中空率达到30%以上的中空涤纶长丝是制作冬季内、外衣和运动衣的理想原料。

3.1.2　新型的针织面料

（1）针织牛仔布

针织牛仔布采用针织纬编的织法，采用束状染色的靛蓝、蓝加黑、硫化黑等针织筒子纱在大圆机上实行特殊工艺生产出来具有水洗褪色效果的服装面料。它的品种主要有小鱼鳞毛圈、大鱼鳞毛圈、粗细斜纹毛圈、凸条斜纹毛圈、平纹汗布等等（图2-1和图2-2）。

图2-1　水洗前后的针织牛仔布　　　　　　　图2-2　各种风格的针织牛仔布

（2）竹炭针织面料

竹炭纤维是纺丝过程中将超细甚至纳米竹炭粉末加入纺丝流体制成的新型纤维品种。采用该纤维制成的针织面料具有超强的吸附、除臭、吸湿排汗、储热保暖、抑菌等功能和作用。同时，竹炭针织面料还具有良好的远红外和负离子发射、抗紫外线等功能，是制作高档内衣裤、运动衣、休闲衣的优选面料。

（3）防缩免烫针织面料

防缩免烫针织面料是为了使服装在穿着过程中不出现褶皱、形态不发生变化，最终提高面料和服装的服用性能、适应现代生活节奏而产生的。

（4）防水透湿针织面料

防水与透湿是服装穿着舒适性能中两个基本的相互矛盾条件。防水透湿面料的加工途径：一是经过拒水整理的高密织物；二是层压织物；三是涂层织物。

（5）防静电针织面料

利用具有防静电功能的表面活性剂或亲水性树脂处理织物表面或将导电纤维织入织物中。

3.1.3　针织面料性能在针织服装设计中的应用

针织面料作为一种重要的服装面料，近20年有了突飞猛进的发展。随着人们对休闲、运动生活方式的推崇，针织服装出现由内衣向外衣方向的发展，而且更加时装化、成衣化。同时，越来越多的高科技材质不断涌现，使得针织面料性能不断改善，因而针织服装在服装中的比重逐年增加。

（1）针织面料的弹性

由于针织物是由线圈互相串套形成的，这种结构使其具有很多有别于梭织物的性能，这些性能对服装造型、结构、裁剪、缝制等方面均有很大影响。利用针织面料良好的伸缩性，在样板设计时可以最大限度地减少为造型而设计的接缝、收褶、拼接等。其次，针织面料一般不宜运用推归、拔烫等技巧造型，而是利用面料本身的弹性或适当运用褶皱手法的处理来适合人体曲线。那么，面料伸缩性的大小就成为在样板设计制作时的一个重要的依据。

梭织服装的样板最终与包裹人体所需要的面积相比一般都大一些，即相对于人体有一定的松量；而针织服装根据采用的面料结构的不同，若弹性特别大的面料（与采用的纱线和组织结构有关）设计样板时，不但不留松量，其样板尺寸既可以和人的围度尺寸相同，也可以考虑弹性系数而缩小其尺寸。

（2）针织面料的卷边性

针织物的卷边是指由于织物边缘线圈内应力的消失而造成的边缘织物包卷现象。卷边性是针织物的不足之处，它会造成衣片的接缝处不平整或服装边缘的尺寸变化，最终影响到服装的整体造型效果和服装的规格尺寸。

但并不是所有的针织物都具有卷边性，而是如纬平针织物等个别组织结构的织物才有，对于这种织物，在样板设计时可以通过加放尺寸进行挽边、镶接罗纹或滚边及在服装边缘部位镶嵌黏合衬条的办法解决。

有些针织物的卷边现象在进行后整理时已被消除，避免了样板设计时的麻烦。需要指出的是，很多设计师在了解面料性能的基础上可以反弊为利，利用织物的卷边性，将其设计在样板的领口、袖口处，从而使服装呈现特殊的外观风格，令人耳目一新，特别是在成型服装的编织中还可以利用其卷边性形成独特的花纹或分割线。

（3）针织面料的脱散性

针织面料在风格和特性上与梭织面料不同,其服装的风格不但要强调发挥面料的优点更要克服其缺点。由于个别针织面料具有脱散性,样板设计与制作时,要注意有些针织面料不要运用太多的夸张手法,尽可能不设计省道、切割线,拼接缝也不宜过多,以防止发生针织线圈的脱散而影响服装的服用性,应运用简洁柔和的线条与针织品的柔软适体风格协调一致。

（4）针织面料的工艺回缩性

针织面料在后整理以及缝制加工过程中,尺寸会发生一定程度的减少,这种现象被称为工艺回缩。其回缩量与原长度的比值为工艺回缩率。回缩率的大小与面料的材质、组织结构、染整加工工艺、后整理以及缝制工艺都有密切关系。为了确保服装尺寸,在服装设计加工过程中必须考虑针织面料的工艺回缩率。回缩率的大小可以在服装大批量加工前,通过实验的方法求得,也可以根据以往的经验值,但是要考虑到款式的特殊性,如缝制流程的长短、印花工艺的先后顺序等。

（5）其他

在针织服装的设计与加工过程中,影响因素还有很多,如针织面料的纬斜性、起毛起球、钩丝、抗剪性等。

目前,针织服装存在款式单调、制作简陋等缺点。我国虽然每年有大量针织服装出口,但单件产品的利润走低,这主要是由于产品设计含量少,制作工艺不精等原因造成的。设计师必须充分了解与把握针织物的各项性能,在设计和加工过程中扬长避短,针织服装才能够更为人们接受和喜爱。

3.2　针织服装面料的二次面料开发

3.2.1　二次面料的概述

面料二次设计也称为面料再造,是指设计师根据服装的设计需要,对现成的面料进行加工和改造,使之产生精致优雅的艺术魅力和新意。越来越多的设计师已经开始意识到二次面料再造更能满足设计的构思,也能带来很多的灵感和创作激情。面料的二次再造大大的克服了面料的局限性,赢得许多追求个性消费者的需求,根据面料特色开发,方法和种类较多。

针织服装的二次面料设计可以从面料色泽、肌理和图案等方面进行,但值得注意的是,在实际的服装面料设计中,每一种手法都不是单独使用的,为了设计出独一无二的视觉效果,设计师往往会将各种设计手法自由组合搭配,最大限度地发掘原料的潜在表现力。面料的二次设计不是简单地运用工艺手段,重要的是运用现代造型观念和设计意图对主题进行深化构思,在此过程中要注意市场的流行动态,以市场接受为原则,讲究形式美感即二次设计中的重复、韵律、节奏、平衡、特异、体积感、运动感、对比和协调等规律的运用,给消费者带来愉悦的视觉感受。

如顶级的设计大师三宅一生(Issey Miyake),这位有着服装界"哲人"美称的设计大师始终站在艺术与实用的交汇点上,应用面料的二次再造使他的作品简洁而丰富。三宅一生在褶皱面料运用上造诣很高,他总是细心揣摩面料的潜能,因而对其作造型变化,如著名的"一生褶",就能体现二次创意的无限魅力,从而使他设计的服装获得世界众多女性的欢迎。

面料的二次设计也是款式设计的延伸,利用经过二次设计后的面料进行服装设计时,可选择应用于服装的局部,起到画龙点睛的作用,与款式设计相呼应,以产生美感。著名服装设计师三宅一生,针织女王 Sonia Rykiel,瑞典新锐设计师 Sandra Backlund 等的作品之所以让世界瞩目,很大程度上都是源自设计师对面料的良好把握。而三宅一生的设计直接延伸到面料设计领域,他将日本宣纸、白棉布、针织棉布、亚麻等传统材料,应用现代技术,结合他个人的哲学思想,创造出各种肌理效果的织料,设计出独特而不可思议的服装,被称为"面料魔术师"。由他开创的"一生褶",展示了面料二次创意的无限魅力,至今仍是面料再设计的典范(图2-3)。来自瑞典的Sandra Backlund对编织面料质感的把握一点也不输前辈,用镂空的织法赋予毛线新的含义,用纯手工的技法,编织出层叠的宫廷服饰褶皱效果和皮草的奢华质感,构筑起新的时尚空间(图2-4)。

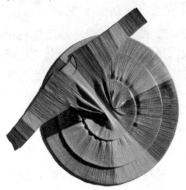

图2-3　三宅一生"我要褶皱"系列服装　　　　图2-4　Sandra Backlund的作品

3.2.2　针织服装二次面料的表现方法

对于针织面料来讲,二次设计的方法很多,既有刺绣、缀饰、缝线、镶拼、编结、镂空、水洗、砂洗、印染、扎染、蜡染、手绘、喷绘等平面手法,也有上面提到的起褶、编织等立体形式,还可以对多种面料进行组合,如用皮革和雪纺的叠加制造出刚柔相济的别样效果。尤其为传统面料注入高科技元素,成为服装设计的新飞跃。

（1）刺绣

刺绣,古称针绣,是一种用彩色丝线缝出花纹的装饰技法,常见的有包芯绣、贴布绣、网眼绣、褶饰绣等各种形式(图2-5)。

图2-5　面料的二次设计——刺绣

（2）钉珠

钉珠是指在面料表面装饰珠子等的艺术手法，亮片、布片、扣镶拼子、链子、碎金属、线绳等都可以钉缀在面料上设计造型（图2-6）。

图2-6　面料的二次设计(a) 珠绣　　　　　　　　　　　　(b) 线绳

（3）镶拼

镶拼是把各种面料进行有组织地拼接的手法。在我国古时已有类似的设计，如明代的"水田衣"就是用各种零碎面料镶拼而成（下图），整件服装织料色彩互相交错、形似水田因而得名。它具有其他服饰所无法具备的特殊效果，简单而别致，所以在明清妇女中赢得普遍喜爱（图2-7）。

图2-7　面料的二次设计(a) 明·水田衣　　　　　　　　　　(b) 镶拼

（4）镂空

镂空，原是指在物体上雕刻出穿透物体的花纹或文字。在面料设计中，根据设计需要在面料表面做出空洞的效果，剪刀剪、手撕、火烧、抽纱、打磨、化学制剂腐蚀等方法都可以实现此种效果（图2-8）。

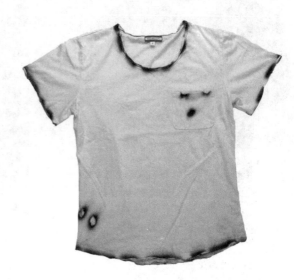

图2-8　面料的二次设计（a）剪空　　　　　　　　　　　　　　（b）火烧

（5）扎染、蜡染

扎染是一种先扎后染的防染工艺，通过捆扎、缝扎、折叠、遮盖等扎结手法，而使染料无法渗入到所扎面布之中的一种工艺形式。蜡染也是一种防染工艺，通过将蜡染溶化后绘制在面料上封住布丝，从而起到防止染料浸入的一种创作形式（图2-9）。

图2-9　面料的二次设计（a）扎染　　　　　　（b）蜡染

（6）手绘、喷绘

手绘、喷绘都是在面料上绘图，前者是手工完成，创作自由随意，充分展现设计师的个性。后者借助计算机设计，通过数码喷绘技术印出来，色彩丰富，可进行两万种颜色的高精细图案的印制，并且大大缩短了设计到生产的时间，实现了单件个性化的生产。无论是印象派经典还是后现代的绘画新作都可以"跃然衣上"（图2-10）。

图2-10　面料的二次设计（a）手绘　　　　　（b）电脑喷绘

（7）褶皱

褶皱法通常将面料通过挤、压、拧、扭等方法成型后再定型完成，不同的打褶方法，会产生不同的视觉效果（图2-11）。

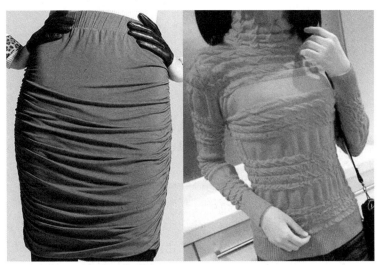

图2-11　面料的二次设计——褶皱

3.2.3　服装面料再造方法

（1）从平面化走向立体化

对一些平面材质进行处理再造,用折叠、编织、抽缩、皱褶、堆积折裥等手法,形成凹与凸的肌理对比,给人以强烈的触摸感觉;把不同的纤维材质通过编、织、钩、结等手段,构成富有韵律的空间层次,展现变化无穷的立体肌理效果,使平面的材质形成浮雕和立体感。

（2）从具象走向抽象

提取、变形抽象、装饰等多种艺术表现形式,再灵活运用重复分割、渐变、回转、造叠、重合等多种构成手法,把抽象图形通过有规则或无序的排列组合,运用在面料材质上,演绎出疏松的空间感或规则整齐或零乱交错的节奏韵律感。

（3）从单纯走向组合

多种面料的组合,也是服装面料再造中一种很重要的表现思路与形式,把不同质感的材质重合、透叠,也能产生别样的视觉效果,在丰富华丽的材质上,笼罩一层轻柔透明的薄纱,带给人一种朦胧妩媚、别具风格的美感。

（4）从手工走向现代

现代服装面料再造在制作上,利用新型科技的手段层出不穷。在制作表现手法和面料后期整理工艺技术方面,从传统的手工艺印染、刺绣等拓展到使用大机器印染、电脑织机、电脑刺绣、电脑喷印、数码印花等现代科技手段。

（5）从有序走向无序

在服装面料再造过程中,设计师已不仅是被动从事操作,而是将制作的过程转为创造性活动,对面料进行反常程序的改造,吸收和创造一些新的制作方法,在无序中展现自己独特的表现语言。

（6）从单一走向多元

材质的选用,从原始单一的棉、麻、丝等向多样化新型材质拓展,如仿真化纤、改良纤维、功能性纤维、抗紫外线纤维、大量合成纤维、有机化学纤维、金属、玻璃等人造纤维被广泛使用。

（7）从单轨走向多轨

服装面料再造的改造制作手段,从比较狭窄的编结、织绣、滚边等传统工艺,拓展到镶饰、环结、覆盖、重叠、缠绕、包裹、黏贴、绗缝、折叠、堆积、钻孔、压花、饰边、拼接、镂空等多种处理方法和工艺,形成各种效果。

（8）从传统走向现代

传统的材质改造一般在衣襟、胸前、后背、袖口等部位,在平面材质上用绣、补、挑等方法,制作一些纹样图案,从而表现出不同的层次变化。现在,个性化的表现手法就更为丰富了,如在毛皮上打孔,在局部精致地装饰珠串、流苏、仿金属片、塑料等,形成特殊的形式美感。

3.3　针织服装的组织结构设计

针织面料的组织结构千变万化,要想设计出一件出色的针织服装,需要熟练掌握各种组织结构,并掌握组织结构与不同原料、服装款式之间的搭配使用。

针织面料分为经编面料和纬编面料,两者都有基本组织和花色组织之分。由不同纱线、线圈结构表现出的性能、外观肌理亦不同。进行组织结构设计时,需要熟悉常用组织的结构工艺,根据服装设计需求进行选择。

（1）纬平针组织

纬平针组织是针织面料中最简单的组织,采用纬平针组织,通过色纱的变换可以获得丰富的效果。

（2）罗纹组织

采用罗纹组织进行针织服装设计时,常利用1＋1罗纹和2＋2罗纹的贴体、修身性能产生凹凸条纹效应,也可以采用不同宽窄罗纹的组合产生活泼跳动的节奏感,或者将罗纹以不同方向排列组合生成生机勃勃的流线感。

（3）正反针的组合

正反针组合设计时,可以通过意匠图形组合编织不同的花型,亦可以利用大面积的组合产生凹凸面的效果。

（4）双方面组织

双方面组织通过正面线圈横列与反面线圈横列,以不同比例进行配置,反面线圈横列突出形成横向分割线,如果配合粗纱线的使用,可产生粗犷原始的外观风格。

（5）绞花组织

通过相邻线圈互相移位产生的绞花组织是设计师们偏好的具有特殊肌理效应的组织结构。移位线圈数目越多、纱线越粗,其扭曲效果越明显。

4　技能训练
4.1　技能训练实例

创意面料赏析:

（1）创意面料一

柔软、色彩丰富的棉质针织面料和轻薄的纱质面料结合,浓郁的色彩融合在一起,浓烈得化不开。如同莫奈的油画,浓重的色彩和着油墨,醋拙的笔触里透着厚重(图2-12)。

图2-12　创意面料欣赏（a）　　　　　　　　创意面料欣赏（b）

（2）创意面料二

随意绗缝的工艺，把碎小的布片结合在一起，可以想象面料富有肌理质感的触觉和手感，适合做创意类的纺织品，甚至是外套的面料。

皮肤的粉红色系，娇艳的嫩绿色、珊瑚的肉红色，春天娇嫩的花瓣飘落下来，透着一丝灵动的春的气息。

4.2　技能训练题

（1）什么是面料的二次设计？

（2）针织服装面料的二次设计都有哪些方法？试搜集资料，举例附图说明。

（3）服装面料的再造方法有哪些？试在生活中寻找应用实例，制作 PPT 并在班级内部交流、汇报。

任务二　针织服装的色彩设计

1　任务描述

针织服装色彩设计是理论与实践相结合的艺术部分，是针织服装设计元素之一，我们通常所说的"远看色，近看花"就是指服装色彩的大效果和总倾向。

2　任务目的

通过系统地了解各种影响色彩效果的社会因素，同时进一步培养学生的审美能力和实践表达能力，做到深入浅出、驾轻就熟地巧妙应用，及时把握流行趋势的脉搏，将色彩的原有生命力在针织服装设计、生产、销售、消费过程中最大限度地发挥出来，从而使色彩成为提高针织服装外观品质，增强服装在国内外市场竞争力的有效手段。

3　知识准备

3.1　色彩基本知识

3.1.1　色彩的三属性

根据色彩理论的分析，任何颜色都具有三种重要的性质，即色相、明度、纯度，并称为色彩的三属性。

（1）色相

色相指色彩的相貌，是色彩的最大特征，是色彩的一种基本感觉属性，简称 H，如红、黄、蓝等能够区别各种颜色的固有色调。每一种颜色所独有的与其他颜色不相同的表相特征，即色别。在诸多色相中，红、橙、黄、绿、青、蓝、紫是七个基本色相，将它们依波长秩序排列起来，可以得到像光谱一样美丽的色相系列，色相也称色度。

（2）明度

明度指色彩本身的明暗差异程度，也指一种色相在强弱不同的光线照耀下所呈现出不同的明度,非彩色视觉属性,简称 V,明度是色彩的固有属性。在可见光谱中,由于波长不同,黄色处于光谱的中心,明度最高,紫色处于光谱的边缘,显得最暗,明度最低。

同一色彩,也会产生出许多不同程度的明度变化。如深蓝与浅蓝,含白越多则明度越高,含黑越多则明度越低。在无彩色色系中,明度最高的是白色,明度最低的是黑色。

（3）纯度

纯度指色彩的饱和度、鲜艳度、含灰度,简称 C。达到了饱和状态的颜色,为高纯度。分布在色环上的原色或系列间色都是具有高纯度的色。如果将上述各色与黑、白、灰或补色相混,其纯度会逐渐降低,直到鲜艳的色彩感觉逐渐消失,由高纯度变为了低纯度,色彩也就越浑浊。

3.1.2　色相环

将可视光谱两端闭合即形成色相环,其中红、橙、黄、绿、青、紫六色组成了色彩的基本色相,将它们依波长秩序排列成像光谱一样美丽的色相系列。在色相环上通过把纯色的基本色相等距离分割,便形成6色相环。如果在色彩之间将其均匀的混合,即产生这两色的中间色,以此类推即可产生12色相环,从中可以清楚的分辨出色相的三原色(红、黄、蓝),以及衍生出的间色(橙、绿、紫)和复色。24色相环、36色相环、48色相环等的制作也是采用这种方法。

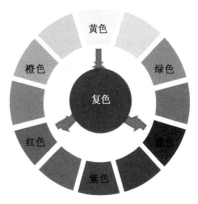

图 2-13　经过简化的牛顿色相环

18世纪,英国著名科学家牛顿首先创建了色相环,列出了色相的基本秩序,牛顿之后的所有色相环都据此色相理论(图 2-13)。

3.1.3　色彩的情感

就广义而言,服装色彩不是简单的色彩组合,而是融入了社会意识、文化艺术、宗教信仰、消费市场、气候环境等诸多因素。

色彩可以表现出时代性、象征性、流动性、功能性、审美性、季节性、宗教性,同时色彩还能表现出冷暖感、进退感、轻重感、软硬感、兴奋与沉静感、明快与忧郁感、华丽与质朴感、膨胀与收缩感。色彩也可以给人以无限的联想,有具象联想和抽象联想。具象现象是色彩使人相信到自然界中与此色相关的实物,如红色联想到炙热的阳光、烈火、鲜血,而红色又象征了热情、奔放、喜庆等情感,联想到旺盛生命力则就是抽象联想。

色彩能够引起人们的某种情感,引发人们的某种情绪;色彩的直接心理效应来自色彩的物理光刺激对人的生理发生的直接影响。心理学家对此曾做过许多实验。他们发现,在红色环境中,人的脉搏会加快,血压有所升高,情绪兴奋冲动。而处在蓝色环境中,脉搏会减缓,情绪也较沉静。有的科学家发现,颜色能影响脑电波,脑电波对红色反应是警觉,对蓝色的反应是放松。让其中一人进入粉红色壁纸、深红色地毯的红色系房间,让另外一人进入蓝色壁纸、蓝色地毯的蓝色系房间。不给他们任何计时器,让他们凭感觉在一小时后从房间中出来。结果,在红色系房间中的人四十几分钟后便出来了,而蓝色系房间中的人七十多分钟了还没有出来。

在时下流行的休闲运动潜水中,人需要携带氧气瓶。一个氧气瓶大约可持续 $40\sim50$ min 供氧,但是大多数潜水者将一个氧气瓶的氧气用光后,却感觉在水中只下潜了20 min左右。海洋里的各色鱼类和漂亮珊瑚可以吸引潜水者的注意力,因此会感觉时间过得很快,这是原因之一。更重要的是,海底是被海水包围的一个蓝色世界。正是蓝色麻痹了潜水者对时间的感觉,使他感觉到的时间比实际的时间短。

3.1.4　服装色彩搭配原则

色彩的搭配原则是色彩设计的总体思路和指导方针,设计师根据所设定的消费目标和品牌风格采用相应的色彩形式,其所遵循的原则有调和和对比两大类。

（1）调和原则

色彩调和是服装色彩设计的基本方法之一,色彩间原本的相异关系,运用搭配原则,找出它们之间的内在的有规律、有秩序的相互关系,通过在面积大小、位置不同、材质差异等方面的搭配,在视觉上既不过分刺激,又不过分暧昧。其突出特点是单纯、和谐、色调的统一,在单纯中寻求色彩的丰富变化,在和谐中求得色彩的明暗,产生平衡、愉悦的美感。

调和原则的色彩搭配主要有以下几种形式:

① 同一调和

同一调和,即在色彩、明度、纯度三属性上有共同的因素,在同一因素色彩间搭配出调和的效果,这种配色方法最为简单、最易于统一,同一调和分为单性同一和双性同一。

a. 单性同一

在色相、明度、纯度三属性中,只保留一种变化属性,变化另外两种。包括:同色相,不同明度、纯度组合;同明度,不同色相、纯度组合;同纯度,不同明度、色相的色彩组合。

b. 双性同一

在色相、明度、纯度三属性中保留两种属性,变化另外一种,包括无彩色系调和,以黑白及由黑白的调和产生的各种灰度色组合,例如以黑、白、灰组成的色彩搭配为同色相、同纯度,不同明度组合。

此外,还包括同色相、同明度,不同纯度的色彩组合;同明度、同纯度,不同色相的色彩组合;同色相、同纯度,不同明度的色彩组合。

② 类似调和

即色相、明度、纯度三者处于某种近似色状态的色彩组合,它较同一调和有微妙变化,色彩之间属性差别小,但更丰富。类似调和分单性类似和双向类似两种形式。

a. 单性类似

在色相、明度、纯度三属性中,一种类似,变化另外两种。包括色相类似,明度、纯度不同的色彩组合;明度类似,色相、纯度不同的色彩组合;纯度类似,色相、明度不同的色彩组合。

b. 双性类似

在色相、明度、纯度三属性中,两种类似,变化另外一种。包括:色相类似,明度、纯度不同的色彩组合;明度类似,色相、纯度不同的色彩组合;纯度类似,色相、明度不同的色彩组合。

③ 对比调和

对比调和,即选用对比色或明度、纯度差别较大的色彩组合形成的调和,采用的方法有以下几种:

a. 利用面积对比达到调和

色彩的面积对比是指各种色相的多与少、大与小之间的对比,利用其对比达到调和。也就是讲对比双方的一方作为大面积的配色,另一色作为小面积的点缀,在面积上形成一定的差别,这样既削弱了对比色的强度,又使色彩处理得恰到好处。通常而言,服装上的图案用色是小面积色彩来点缀,其色彩的纯度、明度相对大面积更为丰富、活跃;有时为了使点缀色面积色彩突出,可适当降低主面积的纯度、明度。对比色块之间的面积与形状有关,如红绿相配时,应拉开两色之间面积大小比例关系,形成其中一色占据绝对优势,否则视觉上过于刺激,如是多种对比色色彩之间的搭配,则应先确立主次关系,哪组色为主,哪组色为辅。

b. 降低对比色的纯度达到调和

如果配色双方均是纯度较高的对比色,且面积上又相似,这样会使双方不协调。在这种情况下,降低一方或双方的纯度,会使矛盾缓和,趋于调和。

c. 隔离对比色达到调和

在对比色之间用无彩色或金、银等色将其分隔,也可以在对比色之间以其他的间色将其分割,从而产生视觉调和。

d. 明度对比调和

明度差别大的色彩组合,其对比调和力量感强、明朗、醒目,由于强调了明度的差别,将会降低其他方面的对比。因此在色彩组合上应注意面积的大小,如以其中一色为主,另一色为辅,拉开面积差异,避免造成视觉混乱。

e. 纯度对比调和

纯度差别大的色彩组合,对比感强、效果生动,色彩通过纯度的差别显得饱满和优雅,例如红色与灰色、米色搭配,红色不仅被灰色、米色衬托得显得格外艳丽,而且也被灰色所控制,不会刺眼。

(2) 对比原则

除了色彩调和,色彩对比是服装色彩设计中又一基本方法,无论是色相对比、明度对比,还是纯度对比,其目的是活跃整体气氛,塑造热烈欢快的效果,并对人的视觉产生冲击,对比原则即是色彩之间的比较,是两种或两种以上的色彩之间产生的差别现象。

对比原则的色彩搭配主要有以下几种形式:

① 色相对比

以色相环上的色彩差别而形成的对比现象。色相对比是服装色彩设计常用手法,其配色效果丰富多彩。色相对比分以下几种:

a. 同种色相对比

配色是同种色,但是以色相的不同明度和纯度的比较为基础的对比效果。同种色相对比效果较呆板、单调、平淡,但因色调趋于一致,可表现出朴素、含蓄、静态、稳重的美感。

b. 类似色相对比

在色相环上,相邻30°至60°色相对比关系属类似色相对比。对比的各色所含色素大部分相同,色相对比差较小,色彩之间的性格比较接近,但与同种色相对比有明显加强。类似色相对比配色既统一又有变化,视觉效果较为柔和悦目。

c. 中差色相对比

中差色相对比是介于对比色和类似色之间的对比,强弱度居中。具有鲜明、活跃、热情、饱满的特点,是富于变化、使人兴奋的对比组合。

d. 对比色相对比

色相间是相反的关系,极端的对比色是补色,即红与绿,黄与紫、蓝与橙这三对。对比效果强烈、醒目、刺激,对比性大于统一性,不容易形成主调。

② 明度对比

因为色明度的差异而形成的对比,也称色的黑白度对比。明度对比是色彩构成中重要的因素,色彩的层次与空间关系主要依靠色彩的明度对比来表现。如果只有色相、纯度对比而无明度对比,色彩的轮廓型状就难以,甚至无法辨认。

为了便于分类和利用明度搭配的效果,将明度分为高、中、低三个阶段,高明度色彩属亮色系,低明度色彩属暗色系,中明度色彩属介于亮、暗之间的色相,不同明度基调具体表现如下:

高调:具有高贵、轻松、愉快、淡雅的感觉。

中调:具有柔和、含蓄、稳重、明确的感觉。

低调:具有朴素、迟钝、沉闷、压抑的感觉。

长调:对比差别大的组合,视觉强硬、醒目、锐利、形象清晰。

中调:对比差适中的组合,视觉舒适、平静、有生气。

短调:对比差别小的组合(相差 1 至 2 级),视觉模糊、晦暗、梦幻、不明确。

3.2　流行色

3.2.1　流行色

所谓流行色,是指在一定的时期和地区内,被大多数人所喜爱或采纳的几种或几组时髦的色彩,亦即合乎时尚的颜色。它是一时期、一定社会的政治、经济、文化、环境和人们心理活动等因素的综合产物。

流行色,即时髦色、时兴色、新颖的生活用色。流行色彩是在一种社会观念指导下,一种或数种色相和色组迅速传播并盛行一时的现象。从以上定义来看,流行色是社会群体色彩嗜好的集中表现,并且所嗜好的色彩还将随时代的变迁而不断改变。但是色彩嗜好一般会有较长时间的稳定,不至于出现像流行色中所见到的那样过频的大幅度改变。

因此,流行色与其说是人类色彩嗜好的自然表现,还不如说它是在工业化的背景下,人为推动的一种社会心理的集中反映。色彩商品由色彩要素所创造的附加价值往往占其价值的很大部分。以前主要是妇女用品,而现在这类商品正在逐步扩及男士用品,甚至部分家用工业产品。所以,流行色的频繁发布是商家追求企业利润的一种手段。

CNCSCOLOR 色彩事业部由中国纺织信息中心和中国流行色协会共同成立,专注于时尚色彩开发和色彩管理,建立了中国纺织色彩体系——CNCSCOLOR 色彩体系,为中国纺织服装行业使用统一的色彩交流语言奠定了基础。

3.2.2　中国纺织色彩体系 CNCSCOLOR

（1）CNCSCOLOR 色彩系统

为帮助中国的纺织服装企业克服色彩研发、沟通和管理障碍,建立快速、准确的色彩供应链管理机制,CNCSCOLOR 色彩事业部以 CNCSCOLOR 色彩体系为基础,进一步开发了色彩选择、沟通、对比工具——CNCSCOLOR 时尚色卡系列和色彩管理方案——CNCSCOLOR 色彩设计与实现之道,从色彩流行趋势、色彩企划、色彩实现到色卡定制,CNCSCOLOR 色彩事业部为时尚领域的设计师和企业提供源源不竭的色彩推动力。

图 2-14　CNCSCOLOR 纺织行业颜色标准 001

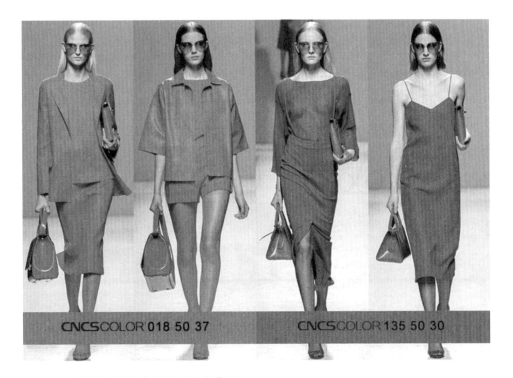

图 2-15　CNCSCOLOR 纺织行业颜色标准 002

图 2-16　CNCSCOLOR 纺织行业颜色标准 003

图 2-17　CNCSCOLOR 纺织行业颜色标准 004

CNCSCOLOR 色彩由中国纺织信息中心和中国流行色协会共同成立,专注于时尚色彩开发和色彩管理,建立了中国纺织色彩体系——CNCSCOLOR 色彩体系,为中国纺织服装行业使用统一的色彩交流语言奠定了基础。

中国纺织信息中心联合国内外顶级色彩专家和时尚机构,在中国人视觉试验数据基础上,经多年精心研发建立了中国应用色彩体系——CNCSCOLOR 色彩体系,力求为中国纺织服装行业提供权威、时尚的色彩选择、沟通、对比工具和色彩管理解决方案。

（2）CNCSCOLOR 色彩体系的编码系统

CNCSCOLOR 色彩体系建立在视觉等色差理论基础上,其色相、明度、纯度的数值差异与实际视觉色差有很好的一致性,有助于应用者培养正确的色立体感觉,也方便色彩的选择和应用。

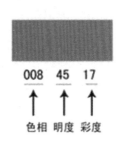

CNCSCOLOR 色彩体系颜色覆盖面广,色相细分达 160 个,明度跨度从 15～90,开放式的彩度可以包容未来新技术可能达到的新色彩。编码系统简洁完整,每个色彩均有唯一的 7 位编码,按色相、明度、彩度排列,有利于色彩的表达、沟通和应用。

CNCSCOLOR 色彩体系已被确立为国家标准和行业标准。CNCSCOLOR 的 7 位数字编号,前 3 位是色相,中间 2 位是明度,后 2 位是彩度(是表色系统类似于 Munsell 表色方式)。

图 2-18　CNCSCOLOR 色彩体系的编码系统

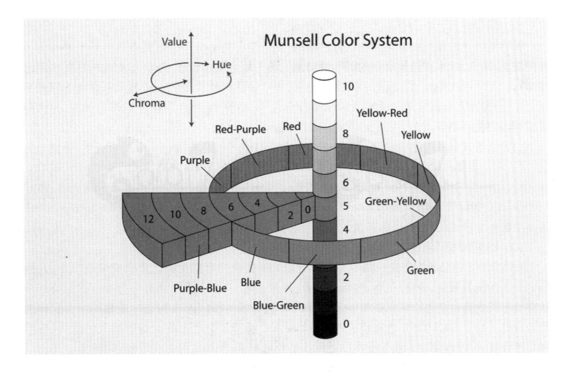

图 2-19　Munsell 表色系统

图 2-20　CNCSCOLOR 标准色彩手册

以上趋势信息来源 CNCSCOLOR 官方网站 www.cncscolor.com。

3.2.3　流行色发布机构

（1）国际流行色委员会

国际流行色的预测由总部设在法国巴黎的"国际流行色协会"完成,其委员会是于 1963 年 9 月由法国、瑞士、日本在巴黎成立的国际性组织。第 1 届色彩会议于 1963 年 9 月 9 日在法国巴黎举行。每年两次举办国际流行色委员会会议,每年 6 月初和 12 月初分春夏和秋冬两季召开专家会议,分别预测和制定未来两年的国际流行色色卡,提前 24 个月进行色彩超前预测,并协调各成员国的色彩趋势。

协会从各成员国提案中讨论、表决、选定一致公认的三组色彩为这一季的流行色,分别为男装、女装和休闲装。除了国际流行色协会的流行预测外,还有《国际色彩权威》（International Color Authority）、国际纤维协会（International Fiber Association）、国际羊毛局（International Wool Secretariat）、国际棉协会（International Institute For Cotton）、美国棉花公司（Cotton Incorporated）等实力机构发布流行预测,以供各国的设计师和企业参考。

（2）PANTONE（潘通）色彩研究所

PANTONE 色彩研究所是一间专为各界专业人士提供专家意见的色彩研究和资讯中心,这些专业人士涵盖服装、商业/工业、内部装饰业、形象艺术、广告、电影、教育等行业。作为全球公认并处于领先地位的色彩资讯提供者,PANTONE 色彩研究所同时成为全球最具影响力媒体的重要资源。通过 PANTONE 色彩研究所,Pantone Inc. 持续研究色彩是如何影响人的行为、情感和自然反应,以便能够为专业人士提供更深入的色彩解读,帮助他们更有效地使用色彩。

PANTONE 色彩队伍（Pantone Color Team）通过全球在色彩方面最权威的人士为客户提供专家级的色彩咨询服务。来自各个行业的各种规模的企业都利用 PANTONE 色彩系统来进行产品颜色和包装设计。

　　而每年 PANTONE 色彩研究所也会发表他们的年度代表色,历年来年度流行色中红色是出现次数最多的色系,蓝、绿以及蓝、绿之间的色彩次之。2018 年度代表色 PANTONE 18-3838 Ultra Violet 紫外光色是强烈挑动思绪与深思的紫色调,传达独创性、创造力及前瞻性思维,为我们指向未来。

图 2-21　PANTONE 2018 年度代表色

　　(3) NCS(自然色彩系统)

　　NCS 是 Natural Color System 的简称。NCS 是目前世界上最具盛名的色彩体系之一,是国际通用的色彩标准,更是国际通用的色彩交流语言。NCS 系统已经成为瑞典、挪威、西班牙等国的国家检验标准,它是欧洲使用最为广泛的色彩系统,并正在被全球范围采用。NCS 广泛应用于设计、研究、教育、建筑、工业、公司形象、软件和商贸等领域。

　　(4) CNCSCOLOR 色彩事业部

　　CNCSCOLOR 色彩事业部由中国纺织信息中心和中国流行色协会共同成立,专注于时尚色彩开发和色彩管理,建立了中国纺织色彩体系——CNCSCOLOR 色彩体系,为中国纺织服装行业使用统一的色彩交流语言奠定了基础。

　　为帮助中国的纺织服装企业克服色彩研发、沟通和管理障碍,建立快速、准确的色彩供应链管理机制,CNCSCOLOR 色彩事业部以 CNCSCOLOR 色彩体系为基础,进一步开发了“色彩选择、沟通、比对工具——CNCSCOLOR 时尚色卡系列”和“色彩管理方案——CNCSCOLOR 色彩设计与实现之道”。

　　从色彩流行趋势、色彩企划、色彩实现到色卡定制,CNCSCOLOR 色彩事业部为时尚领域的设计师和企业提供源源不竭的色彩推动力。

3.3　品牌成衣的色彩设计

　　品牌成衣的色彩是品牌产品表现因素之一,是成衣最重要的外部特征之一,在成衣同质化的今天,精心策划的色彩往往能成功的吸引消费者的目光。

3.3.1　品牌成衣的色彩构成

　　国外品牌在色系列化方面一直很成熟,每个季节都会根据权威机构的流行信息和自己的品牌特点推出自己的系列色彩。成衣品牌如江南布衣,其色彩基本上是以中性的黑白灰为基础色,再开发相对应每年、每季度的色系。

（1）Issey Miyake（三宅一生）2019 年春夏男装发布色彩分析

三宅一生是伟大的艺术大师，他的时装极具创造力，集质朴、基本、现代于一体。三宅一生似乎一直独立于欧美的高级时装之外，他的设计思想几乎可以与整个西方时装设计界相抗衡，是一种代表着未来新方向的崭新设计风格。

图 2-22　2019 年春夏男装发布色彩分析

（2）CHANEL（香奈儿）2019 年早春时装发布色彩分析

香奈儿本系列的主题是航海风,把条纹、航洋色、贝雷帽融入系列之中,展现衣服特色多在廓形与细节之中。

图2-23　2019年早春时装发布色彩分析

3.3.2　成衣品牌产品色系策划

　　色彩构思过程是在一种整体的感觉和氛围下进行的，是确定的、理性的，通过深入的思考将色彩概念固化、细化的结果。在进行色彩构思时要考虑的因素很多，包括品牌整体风格定位（整体色彩风格）、时间因素（季节的推移）、空间因素（卖场色彩）、上/下装单款色彩搭配、整个季度中各个款式的色彩搭配等。

4　技能训练
4.1　技能训练实例
4.1.1　色彩的搭配

美国心理学家 Mehrabian（梅拉宾）提出的"梅拉宾"秘诀中指出，"第一印象的好坏在见面后的 6 秒内决定，人所获得的信息八成来自于视觉，其中 80% ~90% 都由颜色决定。"

如何有效的进行以色相变化为基础的针织服装的色彩搭配？

答：色相变化的色彩配合有同类色、邻近色、类似色、中差色、对比色和互补色的配合，色相渐变也属于其中的一种。

（1）同类色的搭配

24 色环上 15°以内的色彩组合，色相之间差别很小，色彩对比非常弱，有绝对统一、调和效果。往往被看成一种色相不同层次的配合，即同一色相不同明度与纯度的变化。

（2）邻近色搭配

在 24 色环中，任选一色和此色相邻的色相配，即为邻接色配合。一般被看作是同一色相里的不同明度与纯度的色彩对比（图 2-24）。

图 2-24　邻近色搭配

（3）类似色搭配

在 24 色环中，相隔 30°~60°的色相对比。既保持了邻接色单纯、统一、柔和、主色调明确等特点，同时又具有耐看的优点，是一类最容易出设计效果，又方便搭配的色彩配合。

图 2-25　类似色搭配

（4）中差色搭配

在 24 色相环上，间隔 90°左右的色相对比。它介于类似色相和对比色相之间。因色相差别较明确，故对比效果比较明快（图 2-26）。

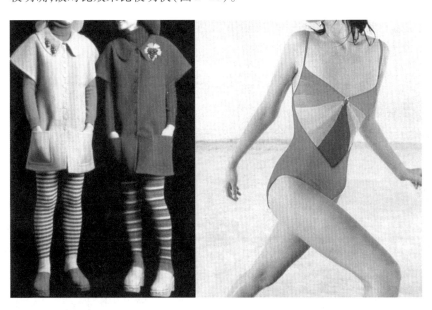

图 2-26　中差色搭配

（5）对比色搭配

24 色色环上，间隔 120°左右的颜色配合。视觉效果强烈、鲜明、饱满，给人兴奋感，但易引起视觉疲劳（图 2-27）。

图 2-27　对比色搭配

（6）互补色搭配

24 色色环上，间隔 180°左右的颜色配合，属最强色相对比。特点是强烈、鲜明、充实、有运动感，但也容易产生不协调、杂乱、过分刺激、动荡不安、粗俗、生硬等感觉。

4.1.2　2019 年流行色在针织服装设计中的应用

（1）2019 年流行色一：饱和海藻绿

天际蓝、蒸馏水色与晨光色等内敛中间色调呈现怀旧质感与跨季百搭性。这些色彩适用于男女装的多个类别，预示着潮流粉蜡色即将退居次要。

图 2-28　海藻绿色服饰

（2）2019 年流行色二：能量红色

红色是美国的主流色调，但从前几季的强烈色调中有所演化。樱桃红为接近纯正原色的活力色彩，彰显力量与决心。

图 2-29　能量红色服饰

（3）2019 年流行色三：优雅可可色

即使黑色依然流行，但棕色已成为取代暗色调的佳选。超暗黑咖啡色与舒缓的冷焦糖色适用于日常生活的方方面面，与室内装饰和时尚持续交融的趋势不谋而合。

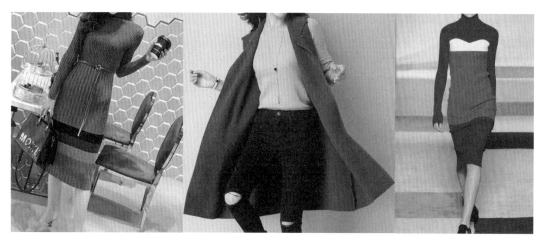

图 2-30　优雅可可色服饰

（4）2019 年流行色四：秋季牧场

柔和花朵色调具有治愈效果，带来亲切的舒适感。复古杏色和打蜡黄捕捉花朵盛开瞬间的美，而浅灰褐色则以质朴的风格展现环保理念。

图 2-31　秋季牧场色系服饰

4.2　技能训练题

（1）以明度变化为主进行针织服装的色彩搭配设计。

（2）以纯度变化为主进行针织服装的色彩搭配设计。

（3）搜集 2019 年春夏的流行色，并思考在针织服装设计中的应用。

任务三　针织服装的造型设计

1　任务描述

　　针织服装的造型设计包括外部廓型设计和内部结构设计，该任务具休分析了针织服装的外部廓型与内部结构的各种不同种类。通过对各种外部廓型和内部结构的具体讲解和分析，结合款式图片，掌握针织服装廓型设计的要点和种类，掌握针织服装领、袖、门襟、下摆、口袋的具体结构和设计要点，并结合技能训练实例来学习造型设计的方法

2　任务目的

　　能根据针织服装各类外部廓型的特点，正确识别各类廓型的类别，并区分它们的不同之处。

　　能根据针织服装内部结构特点，正确识别各类领、袖、门襟、下摆、口袋等部位，并能分析比较它们的不同之处。

　　能综合运用各种设计手法，展开联想，设计出新颖的各类领、袖、门襟、下摆、口袋。

3　知识准备

3.1　针织服装造型的要素

3.1.1　点

（1）点的概念

点是一切形态的基础。有几何意义上的点产生于线的两端和两条直线的相交之处，或者是直线的转折、直线和面的相交之处。因此，点是只有位置、无方向、无长度的几何图形。

在造型设计中的点是以视觉对其大小、面积的感受来界定的。面积越小，点的感觉越强。造型设计中的点有大小、形状、色彩、质地的变化，是相对较小的点状物，而不是几何学里那种没有面积、只有位置的点。

（2）点在针织服装中的表现形式

点在针织服装造型设计中是最小、最简洁同时也是最活跃的因素。它既有宽度也有深度，既有色彩又有质感，能够吸引人的视线。在针织服装设计中，点的使用例子很多，如点状服饰品、纽扣、圆形图案花纹、水珠花纹等。点在针织服装上的表现形式可以有如下几种形式：

① 面料图案的点，包括通过提花、印花等方法得到的图案，形成点的效果，这些方法对于针织裁剪类服装和针织成型类服装同样适用（图2-32）。

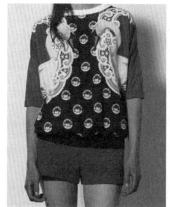

图2-32　针织服装中图案排列形成点的效果

② 工艺形成的点,针织裁剪类服装可通过缝制工艺形成,如加缝圆片面料等;针织成型类服装则可通过挑孔、集圈、移圈、钩针工艺补缀、织造嵌入圆点效果的部件等工艺手法,来形成点的效果(图2-33)。

图2-33　针织服装中,通过工艺手法形成点的效果

③ 饰品装饰的点,衣服完成后,可在衣服的局部加上如珠片、亮片、亚克力钻、金属烫片形成点的效果,这些方法对于针织裁剪类服装和针织成型类服装也同样适用。

图2-34　针织服装中,饰品装饰形成点的效果

3.1.2　线

（1）线的概念

线是指一个点不断地任意移动时留下的轨迹,也是面与面的交界。在几何学中,线被认为只有位置、长度及方向的变化,没有宽度和深度。

造型设计中的线不仅有长度,还可以有宽度、面积和厚度,不过宽度要远远小于厚度,长度和宽度的比是决定线能否成立的关键,也就是当一个形态具有细长视觉感时被视为线,针织服装造型设计中的线还会有不同的形状、色彩和质感,是立体的线。

线的种类主要分为直线、曲线、曲折线、虚线四种。

① 直线

是两点间最短距离,具有帅直、单纯、男性、刚毅的性格特征。在针织服装设计中,直线不仅富有张力,而且还表现出运动的无限可能性。直线有垂直线、水平线和斜线之分,还有粗细之分。

② 曲线

一个点做弯曲移动时形成的轨迹就是曲线。在针织服装设计中,与直线型的设计相比,曲线具有圆润、婉转、柔软、流动、优雅的性格。曲线有几何曲线和自由曲线。

③ 折线

与直线型、曲线型的设计相比,折线代表中性,具有不安定的性格。

④ 虚线

由点或很短的线串联而成的长线,具有柔和、软弱、不明确的性格。虚线在服装中几乎不起结构线的作用,而是较多地起到装饰线的作用。如用线迹做不同形式的图案,在口袋、边角、领口、摆边等处用较粗线迹当做装饰等。

　　针织休闲装上经常见到各种不同形式,或粗或细、或曲或直的虚线用作装饰线的例子(图2-35)。

图2-35　针织服装中的直线、曲线及折线表达

　　(2)线在针织服装中的表现形式

　　线本身虽没有感情,但却是人们表达想法所运用的最简单、最直接的形式,也是构成形式美的不可缺少的一部分。线的组合可产生节奏,线的运用可产生丰富变化和视错感,可以通过分割强调比例,可以通过排列产生平衡(图2-36)。

图2-36　著名的针织服装品牌折线效果服饰

　　线的形式千姿百态,有着丰富的表现力,在针织服装中线有了质感、色彩、纹理,被赋予了人的感情和联想,运用在针织服装设计中可取的不同的设计效果。因此,线条的运用对于针织服装设计师来说非常重要。著名的针织服装品牌 Missoni(米索尼)以富于变化的折线针织效果表现出丰富动感的色彩层次,工艺复杂程度高,效果独特,其设计和工艺已经形成一种风格,在针织服装行业中具有极高的地位。

　　针织横机的织造工艺中,间隔换线就能形成横向条纹,通过控制用线的量可以把握横条的宽度,通过选择线的色彩可以得到不同的色彩效果,通过组织织纹的变化可以得到多种纹理效果的线条。如海魂衫在针织裁剪服装中最为常见,横条毛衫在针织成型服装中最为常见(图2-37)。

图2-37　(a) 海魂衫　　　　　　　　　　　　(b) 针织横条毛衣

　　由于曲线的针织织造工艺较为复杂,曲线提花工艺在高档羊绒衫的设计中应用较多,而通过印花等装饰工艺表现曲线效果则在针织裁剪服装中应用广泛。在使用圆机面料得到线条效果时,可通过印花、彩条、装饰线等方法得以实现,利用针织面料的卷边性,还可以得到立体肌理的线条效果。在针织服装上还可以通过造型线、工艺手法和服饰品、辅料等来表现(图2-38)。

图2-38　曲线提花毛衫

图2-39 针织服装中的装饰线

3.1.3 面

（1）面的概念

面是线在宽度上的不断增加以及线的运动轨迹，是点和线的扩大。几何学里的面可以无限延伸，但却不可以被描绘和制作出来。

造型设计中的面可以有厚度、色彩和质感，是比点感觉大、比线感觉宽的形态，其形态具有多样性和可变性。包括几何形的面和任意形的面。

几何形的面：是可借用仪器画出来的，具有秩序性、机械性，有正方形、三角形和圆形等（图2-40）。

图2-40 针织服装中面的表现

任意形的面:是任意形成或画出来的,具有随意性、自然性,有偶然形、有机形和不规则形等。

(2)面在针织服装中的表现形式

面的造型构成是在针织服装上,以重复、渐变、扭转、折叠、连接、穿插等构成形式,使服装具有虚实量感和空间层次感。在针织服装设计中,可形成分割变化、组织变化、色彩变化,它决定着服装色彩及明暗的总体格调,决定针织服装的风格与个性(图2-41)。

图2-41　面在针织服装中的应用

3.1.4　体

(1)体的概念

体是面的移动轨迹和面的重叠,是有一定长度和深度的三维空间。点、线、面是构成体的基本要素。体感是服装结构款式进行立体造型的表现手法。体造型形式的服装显得有层次感、分量感。服装中的体造型通过服装表面处理、零部件、服饰品等来表现。

(2)体在针织服装中的表现形式

体在针织服装上的表现形式主要表现为明显突出整体的较大零部件,或服装表面处理凹凸明显。针织裁剪服装要表现体积感可通过卷边、叠加、缠绕等方式形成体量效果,针织成型服装可通过用粗线编织或增加有厚度的造型来增加体量(图2-42)。

图 2-42　体在针织服装中的应用

图 2-43　具有建筑感的针织毛衣

3.2　针织服装廓型设计

3.2.1　认识廓型

（1）廓型的概念

一般情况下,廓型是指将轮廓内部涂成黑色的画像、影像等,或者表示轮廓、外形的术语(图2-44)。在针织服饰语言中,廓型(或外形、总形)是针织服装的外部造型轮廓,即人体着装后的正面或侧面的剪影,是表示针织服装整体形状特征的语言。它是针织服装的总体骨架,体现针织服装的整体风貌,是针织服装造型设计的本源。针织服装作为直观的印象,如剪影般的外部轮廓特征首先快速、强烈地进入视线,给人留下深刻的总体印象,是表现使用、审美和流行的重要手段。

服装廓型是区别和描述服装的一个重要特征,不同的服装廓型体现出不同的服装造型。纵观中外服装发展史,服装的发展变化就是以服装廓型的特征变化来描述的。服装廓型的变化是服装演变的最明显特征。服装廓型以简洁、直观、明确的形象特征反映着服装造型的特点,同时也是流行时尚的缩影,其变化蕴含着深厚的社会内容,直接反映了不同历史时期的服装风貌。

图2-44　廓型剪影

针织服装款式的流行与预测也是从服装的廓型开始。针织服装设计师往往从服装廓型的更迭变化中,分析出服装发展演变的规律,从而更好地进行预测和把握流行趋势(图2-45)。

图2-45　20世纪的服装郭形变化

（2）廓型的种类

① 以字母形态分类

就是以字母形态特征来表示服装造型的特点，以英文字母为主，最基本的为 S 型、X 型、H 型、A 型、Y 型、O 型等（图 2-46）。

图 2-46　S 型针织服装

S 型为人体基本型服装。它的紧身结构在所有的廓型中是最复杂的，要通过具有省功能的曲线分割完成。它的主体结构变化通常是根据人体的曲面展开，否则服装结构就不可能和人体体型配伍，使 S 廓型的造型失去意义。例如旗袍、美人鱼型连衣裙等。

X 型以夸张肩和下摆、收缩腰部位为主要特色，这是古典服装造型的特点，亦称古典型，多用在礼服设计中（图 2-47）。

图 2-47　X 型针织服装

H 型为箱型或筒型服装造型，整体呈直线形造型，腰部一般采取略收腰，不收腰设计多用于外套和套装中，是针织服装的常用廓型（图 2-48）。

图 2-48　H 型针织服装

A 型为梯形服装造型,伞形是 A 型的夸张型,这一类廓型的服装下摆比较宽大,腰部设计比较宽松,主要用在外套、披风和裙子中,喇叭裤也属于此类(图 2-49)。

图 2-49　A 型针织服装

Y 型与 A 型相反,为倒梯形服装造型,通常肩部造型较为宽大,下摆处较为窄小,多用于有创意的套装、外套,锥形裤也属于此类(图 2-50)。

图 2-50　Y 型针织服装

　　O 型表现为收缩边口、膨胀中间的服装造型,常表现出与 X 型相反的特征,多用于运动服、工作服、防寒服等功能性强的服装设计中,如夹克等(图 2-51)。

图 2-51　O 型针织服装

　　② 以着装形态分类

　　直身形是以垂直水平线组成的方形设计,具有造型轮廓简洁明快、端庄大方的特点,是针织服装传统的轮廓造型风格。

　　宽松形是在直身的基础上增加空间上的放松度而产生的轮廓造型。这种造型能较好地体现面料柔软、悬垂的性能优点。

紧身形是利用织物富有弹性的特点制成的适体性极强的服装造型。这种造型能充分展现人体线条,并能伸缩自如地适应运动(图2-52)。

图2-52　紧身形、直身形、宽松形针织服装

3.2.2　影响廓型的主要因素

针织服装的廓型变化离不开人体支撑服装的几个关键部位:肩、腰、臀以及下摆部(图2-53)。因此,决定针织服装廓型的因素主要有肩、腰、下摆等部位的轮廓线的高度与宽度,以及纵向连接这些部位的轮廓线的状态。其中,腰围对整体的影响最大,腰围高度的移动使轮廓线上下部分的平衡产生变化。例如,高腰型显得个子高,表现出轻快,有活力;低腰型给人稳定感和沉着感。另外,腰围轮廓线的宽度表现衣服与腰部的紧靠程度。

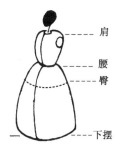

图2-53　影响服装廓型的
关键部位

针织服装的材料使用量与材质也是改变针织服装造型轮廓的要点。着重体现身体轮廓的为苗条形服装轮廓造型线;整体上较宽松的为肥大形服装造型轮廓线;硬邦邦的材料形成直的简单的服装造型轮廓线,突出阳刚之气,所以考虑服装造型轮廓线时不能忽视材料品质的影响。

3.2.3　廓型设计

服装基本轮廓造型可概括为 H 型、A 型、V 型、X 型、Y 型、T 型等,其中 H 型和 A 型在针织服装中较常用。与廓型密切相关的还有服装的风格线,即领线、门襟线、肩线、腰线、臀线和下摆线等,通过这些重要部位的高低宽窄变化可以决定廓型乃至整个造型的基调。

针织面料因其内部的线圈结构使其具有良好的伸缩性、柔软性、多孔性、防皱性,使得针织服装穿着时没有束缚感,有些还可以形成符合体型的轮廓,即具有合体性和舒适感。针织物的防皱和多孔松软性质给设计师设计宽松轮廓也带来颇多灵感。虽然在样板设计中针织服装和梭织服装同样都应用平面构成和立体构成两种造型方法,但具体方法有很大差异,传统的梭织服装从平面的面料到立体的服装一般要通过收省道或推、归、拔、烫等方法来实现。在设计合体服装时,由于梭织物在伸缩性上较针织物差很多,必须将平面布料依据人体的体、面关系分割成若干裁片,再通过曲线的连接构成三维的立体空间造型。设计针织服装时,要熟悉其材料特征,利用其优势进行设计,突出其柔和细腻的特征,而不能不考虑自身特点去表达梭织材料的挺括坚实的效果。当设计风格需要某些坚挺效果时,可以考虑加拼梭织或皮革材料,但要注意材料之间厚度和手感之间的协调关系。

针织服装外轮廓在表现效果上比梭织服装更加含蓄、概括,更符合人体曲线造型。在传统针织服装造型基础上,可通过纱线的粗细、组织纹理的变化及借鉴梭织服装的造型来进行创新造型的设计。针织裁剪服装的外轮廓主要通过裁剪、折叠、褶皱、加饰物等方式形成。针织成型服装则可以通过收针放针、改变组织密度、交换粗细不同的线来织出立体效果的组织,例如,通过罗纹、绞花、挑花等组织的变化得到需要的造型轮廓。所以,针织服装设计的重点在于把握纱线的选择、组织的变化,更多地利用织物面料在性能上的独到之处。

3.3 针织服装内部结构设计

3.3.1 针织服装衣领设计

(1)认识衣领

衣服上两肩之间套住脖子的边缘线叫做领口线。领子是连接在衣服领口上的部分,即衣服中围绕脖子的部分。领子一般由领口线和领片组成。领口线的形状大小可以根据不同的服装款式需要而变化;领片则是在领口线的基础上附加的起装饰作用或遮盖颈部的衣片。

衣领是最接近面部的服装细节,最易于吸引人们的视线,因此该部位的造型起着至关重要的作用。在针织服装中,常见的领型有圆领、V领、一字领、翻领、青果领、立领、荡领、荷叶边领等(图2-54)。

图2-54 各种领型

　　领子的设计与许多因素有着密切的联系。领型首先要符合人体穿着的需要,既要满足生理上实用功能的需要,又要满足心理上审美功能的需要。领型的设计要适合颈部的结构及颈部的活动规律,满足服装的适体性,还要考虑防寒、防风、防暑等护体性实用功能。如秋、冬季以防寒为主要目的,则领式宜选择高领;夏季以透风凉爽为主要目的,宜将领子开低。在满足基本的实用功能后,领子还要满足人们审美功能的需要。这是现代服装中衣领设计成功与否的关键。

　　针织服装由于其弹性特点,给穿脱者提供了可变的空间,针织服装不仅可以设计与梭织服装类似造型的领子,还可得到换成梭织服装无法穿脱的圆领与高领。弹性给针织服装的设计提供新的机会。

　　(2) 领子与脸型的关系

　　人的脸型千差万别,归纳起来可以分为八种脸型:田、由、国、用、目、甲、风、申,称为"脸型八格"。现在也有人把脸型八格归为长脸、方脸、尖脸和圆脸四种脸型。

　　人的脸型外部轮廓如果呈长方形线框状,就是长脸型;呈方形线框状就是方脸型;呈梯形线框状的就是尖脸型;呈圆形线框状的就是圆脸型。

　　长脸型对圆形领、翻领或弧形披肩领比较适宜;尖脸型对方形领、圆形领、翻驳领和立领等都适宜,尤其以大翻领为佳,因为领型外翻加宽的形式可以弥补脸颊窄的不足;方脸型对双翻领、尖角领、圆形领、青果领和小圆角领等比较适宜,同时应避免采用方形领造型;圆脸型则适应尖领、方领、翻驳领或低领口的领型。

　　(3) 领的分类与造型变化

　　① 领的分类

　　领按高度可以分为高领、中领、低领;按领幅可分为大领、中领、小领、无领;按领型可分为方领、尖领、圆领和不规则领;按领的穿着状态可分为开门领和关门领;按的结构可分为立领、翻领、驳领和无领等基本类型(图2-55)。以下按结构分类做详细介绍:

　　a. 立领

　　立领又称竖领,是一种将衣领竖立在领圈上的领式。其特点是立体感强,符合人体颈部结构,给人端庄、典雅的观感。我国传统的旗袍领、中山装领、现代的学生装领等均属于此类,少数民族服装上也常有立领的应用。立领的造型边比划很多,如领面的宽窄、领缘的装饰以及与颈的离合等。

　　b. 翻领

　　翻领指领面摊贴在领圈上(无领座)或翻摊在领座外面(领座将领面撑起)的领式。翻领的实用设计主要在于领脚的变化,有圆翻领、V字翻领、翼领、铜盆领、水手领等。翻领有大小幅度的变化,小的有小圆领、小方领,大的有披肩领、围巾领,名目繁多。除了平摊的翻领外,还有形状多变的各种波形、皱褶翻领。翻领广泛应用于男女式衬衫、外套等。

　　c. 坦领

　　坦领是翻领的极限,其造型特征是领片自然翻贴与肩部领口部位,看上去舒展、柔和,常用于儿童和女性服装中。坦领设计中可以产生多种形式的变化,领子的形态根据服装主体造型的需求可宽可窄,可大可小,领尖的形状可方可圆,可长可短。

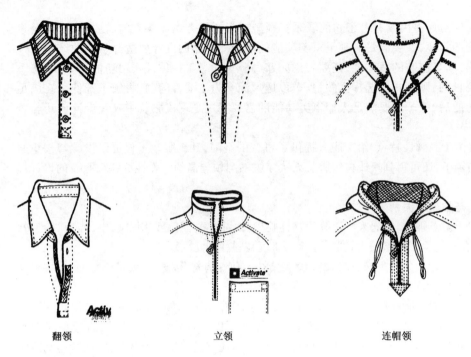

图 2-55   针织服装的领型变化

d. 连帽领

连帽领是在坦领的基础上演变而来的,领与帽子连在一起,具有一定的功能性和审美性,常见于休闲款的针织服装中,例如运动服、卫衣、休闲外套等。

e. 无领

无领指只有领圈而无领面的领式。特点是裁剪、制作较方便,节约材料。从美学观点看能充分显人体颈肩线条的美感,利于佩戴颈饰。领圈开口的高低、宽窄差异很大。领线造型变化多,有圆形、方形、V形、U形、心形、一字形、蛋形、扇贝形等。由于造型结构的不同,还有斜领线形、背心形(有吊带或无吊带)、前开衩形以及前襟斜向叠合的和尚领、挂到颈后的挂脖领和抽带领等(图 2-56)。

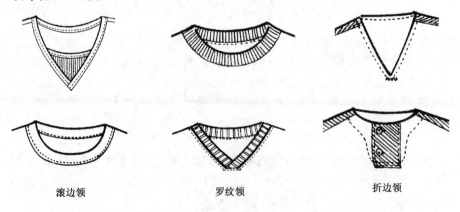

图 2-56   针织服装的无领变化

② 领型的变化

针织服装的领型通常分为挖领和添领。添领是在领圈部位添加不同形状、不同组织结构的翻领或立领;挖领则是在领口处挖出各种形状的领圈或镶上不同组织结构和颜色的领圈布。

a. 添领类造型变化

添领类领型的造型变化有领的开门变化,如全开门襟、中开门襟、旁开门襟、侧开和背部开等;领型变化,如翻领大小变化、立领宽窄变化,领边长短变化和曲直变化、领尖角度变化等;还有扣门方式的变化,开、封、扣、结等。

b. 挖领类造型变化

挖领类领型造型变化有领型的宽窄、深浅、方圆和曲直的变化,领开门的位置变化和开门方式变化,结扣变化和领口装饰变化等。

圆形领口是指刚好能套住脖子或稍微低一些的领口。圆形领口是最自然的基本领口,使用率很高。

形状像 V 字形的领口叫做 V 字形领口。它使人脖子显得修长、优美。V 字形领口的应用范围很广,从便装到正装都可以使用。如果将 V 字形领口的口挖得再低一些,就叫做大 V 字开领,如和服领子那样,在前面做斜交叉的领口叫做和服式领口。

方领口的特征是领口深度没有限制,一般情况下方领的前面深,而后面稍微浅一些。外形像横放的砖一样的长方形领口叫做砖形领口,领口不一定成直角;像楼梯状的领口叫做梯形领口。砖形领口和梯形领口都属于方形领口。

形状像 U 字形的领口叫做 U 形领口,各种 U 形领口深浅各不相同,但比方领显得柔和一些。接近 U 形领的领口有领口比 U 字略微低一些的马蹄领口,外形像鸡蛋的椭圆形领口。

一字领的外形像船底部,横向长,领口很浅,坡度小,两肩的缝合部分成锐角。领口前部不挖,前后两部分看起来像一条水平线的领口叫做开叉领口,两种领口都具有使视线左右移动的作用。

斜领口是轮廓线从一侧肩部向另一侧腋窝下面倾斜的领口。斜领口具有不对称的美,给人华丽感,游泳服、疗养服等常采用斜领口。

领口上有宽松的垂直方向褶皱,褶皱的形状有很多,但任何一种褶皱都具有时髦感,给人以轻松舒适时尚的美感。

三角背心领口是用布或绳子挂在脖子上形成的领口,是露肩露臂的领口,吊带衫、吊带裙、夜礼服、围裙中常使用三角背心领口。

领的造型、风格只有与服装的整体造型风格相协调才能体现出整体的美感,方能锦上添花,不然就会破坏服装的整体感。荷叶领与浪漫、柔美风格的服装相协调;直线形式的领型对应严谨、简练、大方的服装风格;曲线形式的领型适合于优雅、华丽、可爱的风格;大领口适合于宽松、凉爽、随意风格;小领口相对于拘谨、严实、正规的风格。

3.3.2　针织服装袖子设计

袖子是包裹肩和手臂的服装部位,与领子一样也是针织服装款式变化的重要部位,它既可以调节寒暑又有装饰的功能,更富有机能性和活动性。由于袖子穿在身上随时需要活动,因此它的造型除了静态美之外,更需要动态美,即在活动中的一种自然舒适的美感。

袖子由袖山、袖身和袖口三部分组成。袖型的变化主要由袖山、袖身和袖口的造型变化构成。衣袖的造型,随着袖山、袖身、袖口及装饰等因素的变化而变化。其中包括袖窿位置、形状、宽窄(深浅)的变化,袖山高低、肥瘦、抽褶的变化,袖口大小宽窄、形状、袖底边的边缘装饰及卷袖的变化。这里最关键的一点是要把握住袖型的变化规律(图2-57)。

针织服装常用的袖型有三种:装袖、插肩袖、连袖。

(1)装袖

装袖根据人体肩部及手臂的结构进行分割造型,将肩袖的袖窿与袖山两个部分,装接缝合而成。装袖袖身与袖片分别裁剪,根据人体肩部与手臂的结构设计,是最符合肩部造型的合体袖型,具有立体感。装袖是袖子设计中应用最广泛的袖子。装袖分为圆装袖和平装袖。圆装袖是一种比较适体的袖型,根据手臂的结构形态,袖身多为筒形,肥瘦适体,一般袖山高则袖根瘦,袖山低则袖根肥,袖型笔挺有较强的立体感,静态效果比较好,但穿着时手臂活动受到一定的限制。平装袖与圆装袖结构原理一样,不同的是袖山较低,袖窿弧平直,袖根较肥,肩点下落,所以又叫落肩袖。平装袖多采用一片袖的裁剪方式,穿着自然、宽松、舒适、大方,应用于休闲装、夹克、衬衫等服装设计。

装袖袖身的变化,从紧身到宽松有很多种不同的造型和美感,袖口的大小、形状对袖乃至整个服装造型有很大的影响。它的收紧和放松既具有装饰性,又兼具很强的功能性。装袖的袖型合体美观,是一种规范的结构,属于传统的式样。

(2)插肩袖

插肩袖的肩部是和袖子相连的,由于袖窿开得较深,直至领线处,因此整个肩部被袖覆盖。插肩袖的袖窿和袖身的结构线颇具特色,流畅、简洁而宽松,行动方便自如。这种设计介于装袖和连袖之间。其袖山由肩延伸到领窝,既具有连袖的洒脱自然又具有装袖的合体舒适,可以用在很多服装种类的设计上;由于其随意的特点,较正式的服装不用这种袖型。衣身与插肩袖袖山的拼接线可以有很多种,不同的插肩拼接线显现着不同的风格面貌。

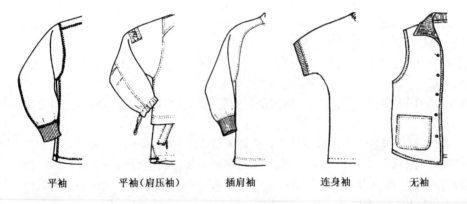

| 平袖 | 平袖(肩压袖) | 插肩袖 | 连身袖 | 无袖 |

图2-57 针织服装的袖型变化

(3)连袖

连袖是肩袖一体的,呈平面状态的袖型。由于不存在生硬的结构线,因此能保持上衣良好的平整效果,衣袖下垂时,构成自然倾斜的肩部造型,腋下会有一些自然、轻柔的折纹,具有东方传统服饰的风格。它的袖片与衣片连在一起,肩部没有拼接线,肩型平整圆顺,与衣身浑然一体,具有含蓄、高雅、自然的风貌。连袖袖身大多较宽松,造型上有袖根肥大、袖口收紧的宽松设计,也有筒形的交合体设计,一般都有袖下插片或打省设计,以满足服装的可动性。袖身的长度可任意设计。连袖在日常的一些休闲装、家居服中采用较多,具有方便、舒适、宽松的特点。

（4）无袖

无袖是肩部以下无延续部分,也不另装衣片,而以袖窿作袖口的一种袖型,又称花袖窿。无袖服装具有造型活泼多变、穿着效果轻松自然、浪漫洒脱的特点,可以充分显示肩部和手臂的美感,适合夏季服装和背心等服装造型,但肩太瘦或肥胖者,不宜用此袖型设计。

在进行针织服装袖型设计时,袖子造型与服装整体造型要相互协调统一,要考虑袖子与领子、大身的关系,使它们相互配合,以达到最好的效果。

衣袖的造型要与领型搭配得当,才能造型和谐、格调一致。针织服装主题的造型风格决定衣袖造型形式和结构变化。一般来说,上窄下宽的衣身配下窄上宽的衣袖,衣身与袖身宽窄方向一致,可强化服装廓型,使其特点更为明显突出。为了突出针织服装的功能,反映穿着者的性格,丰富衣袖的变化,常在衣袖上做装饰。如钉肩章、缀纽扣、贴口袋等,或运用各种工艺手段,如翻边、镶边、加带、饰蝴蝶结以及用布料拼色、缉线,甚至以金银珠宝做扣饰来体现不同的美感。

3.3.3　针织服装门襟设计

所谓门襟,泛指衣物在人体中线锁扣眼的部位。一般情况下,前胸正面的中心线就是门襟线。门襟是服装装饰中最醒目的主要部件,它和衣领、袋口互相衬托展示服装艳丽的容貌。门襟的款式层出不穷、千变万化,其形态和位置的变化在很大程度上会对服装的宽松风格产生影响。

门襟以结构形式分类,可分为叠襟、对襟、离襟、复合襟等。

（1）叠襟

叠襟又称暗门襟,其门襟是由左右衣片重叠,并有叠门的样式。同样是叠襟,由于襟线在襟面上位置的不同而变化出许多样式。例如,门襟线偏离中线襟面呈不对称的称偏襟。其门襟线有直线、弧线、斜线、折线等。如具有民族风格的琵琶襟襟线呈 S 形,而中式的大襟服装襟线则呈月牙形、曲折形,且由颈窝处偏弯向腋下。

（2）对襟

对襟又称明襟,是一种左右襟面线不重叠、无叠门的样式,一般襟线都不偏离中心线,前身呈对称形态。如运动衫的拉链明襟及中式服装的盘花扣对襟等。

（3）离襟

左右襟面不碰头,中间有空档,露出内搭的服装,一般不装纽扣或纽扣为装饰扣,为门襟的一种特殊形式。近年来流行的披挂式针织外套多为这样的门襟。

（4）复合襟

是叠襟和对襟的组合形式,一般秋冬装采用较多,组合时有的全部覆盖,有的覆盖一部分。

3.3.4　针织服装下摆设计

针织服装的底边称为下摆。它的变化直接影响服装廓型的变化。而下摆线是服装造型布局重要的横向分割线,其在节律中常常表达一种间隙或停顿。它是上下装的分界线,又是衣和裙的边线。它不但与外轮廓造型有关,同时又是决定服装上下比例、形态的内分割线。

下摆的形态种类有很多,有水平线形、斜线形、折线形、尖角形、圆形、波浪形、荷叶形、收口形、张口形、前高后低形、前低后高形和开叉形等。总的来说,下摆的造型通常有紧身形、A形、H形、O形四大类。下摆的形式有直边、折边、包边三种。直边式下摆是直接编织而成的,通常采用各类罗纹组织和双层平针组织来形成;折边式下摆是将底边外的织物折叠成双层或者三成,然后缝合而成;包边式下摆是将底边用另外的织物进行包边而成的。

3.3.5　针织服装口袋设计

在针织服装造型中,口袋是必不可少的局部结构之一,兼具装饰性和功能性。口袋的特征一方面是用来盛放随身的小件物品,具有实用功能;另一方面,对于各种不同造型的服装起着一种装饰和点缀作用。例如近年流行的多口袋设计,强化了口袋的装饰作用,口袋的位置、形态、工艺设计更注重视觉美感,是围绕装饰性展开设计的(图2-58)。

针织服装的口袋结构形式上有贴袋、挖袋、插袋三种。

(1) 贴袋

贴袋是针织服装常见的口袋形式,贴袋是贴附在服装的主体造型上的,口袋的整个形状完全显露在外,所以也称明袋。贴袋是外全暴露在外的一种袋形,其形状、缝制、线迹构成的线条具有较强的装饰效果。贴袋位置的确定,从实用功能考虑,是根据人体、上肢、手的活动和规律,一般而言,无论是上装还是下装,口袋的位置以便于手掌伸入为主。

(2) 挖袋

挖袋又称"开袋",是在衣身上口袋的部位将衣料剪开,内衬袋布做成的口袋。它的形式很多,可分为开线式挖袋、嵌线挖袋和袋盖式挖袋三种。开线式挖袋既没有嵌条也没有袋盖,直接在上下口沿边缝上内衬袋布。嵌线式挖袋可为两种,有只在开口的下口沿边缝上嵌线,上口沿边缝上袋盖的单嵌线式挖袋;也有开口部位上下都缝嵌线的双嵌线挖袋。袋盖式挖袋则是在开线挖袋或者嵌线挖袋上加缝袋盖,即成袋盖式挖袋。

挖袋设计简洁明快,工艺质量要求较高。变化主要在袋口及袋盖的形状上,袋口变化有横开、竖开、斜开等;袋盖形状变化主要有长方形、三角形及各种曲线造型等。

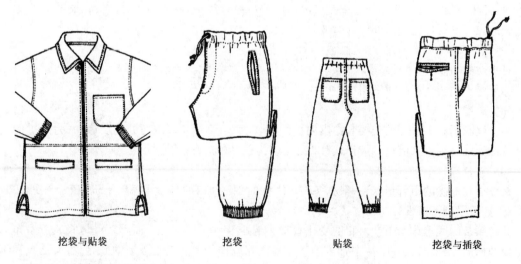

挖袋与贴袋　　　　　挖袋　　　　　贴袋　　　　　挖袋与插袋

图2-58　针织服装的口袋变化

（3）插袋

插袋是在服装的拼接缝间留出的空隙缝制作的口袋,常用于侧缝及结构线中,袋口与服装的接缝浑然一体,隐蔽性较强,一般以实用功能为目的,使服装具有高雅、简洁、含蓄、精致的特征。由于口袋位置附着于服装的结构线中,不引人注目,所以不影响服装的整体感和服饰风格,较为实用、朴素。

4　技能训练

4.1　技能训练实例

4.1.1　服装的内造型设计

服装的内造型设计主要包括:结构线、领型、袖型和零部件的设计。

服装的结构线具有塑造服装外型,适合人体体型和方便加工的特点,在服装结构设计中具有重要的意义,服装结构设计在一定意义上来说即是结构线的设计。

服装的结构线即是指体现在服装各个拼接部位,构成服装整体形态的线,主要包括省道线、褶裥和剪辑线及装饰线等。结构线不论繁简都可归纳为直线、弧线和曲线三种。由于人体是由起伏不平的曲面组成的立体,因而要在平面的面料上表现出立体的效果,必须收去多余的部分,除了利用面料的可塑性对其进行湿热定型外,一般主要是通过省道与裥的设置来实现这一目的。省是缝合固定的,根据所设的不同的位置,分为胸省、腰省、肩省、后背省、臀位省等等。其中,胸省是女式服装中最为关键而重要的因素。胸省根据款式的变化具有不同的形式,主要可用原型倾倒和剪开折叠两种方法将胸省进行转移。

例如,利用剪开折叠法先从收省的地方朝胸省剪开,以胸省点为圆点,在折叠腋下省的同时,省道就转移切开线的位置,完成了胸省的转移。

裥是在静态时收拢,而在人体运动时张开,比省更富于变化和动感,裥的设计主要以装饰为主,一般有褶裥、细绉褶和自然褶三类。

剪辑线的作用是从造型美出发,把衣服分割成几个部分,然后缝制成衣,以求适体美观。剪辑线可分为六种基本形式:垂直分割、水平分割、斜线分割、弧线分割、弧线的变化分割和非对称分割。

服装结构设计中根据不同的款式风格和体态特征,巧妙地运用省道褶裥和剪辑线,充分考虑内外结构线的统一与协调,才能使服装造型更为丰富多姿。

服装的结构设计中还包括领、袖的设计。衣领是服装上至关重要的一个部分,它不仅有功能性,而且具有装饰情趣,其构成因素主要有:领线形状、领座高低、翻折线的形态、领轮廓线的形状及领尖修饰等。领型是最富于变化的一个部件,主要有立领、褶领、平领和驳领四种类型。肩袖造型也是及其丰富的,其造型包括袖窿与袖子两个部分,常见的袖型可分为插肩袖、装袖和连裁袖三类,领和袖的设计都要符合服装的整体形态及人的气质特征。

服装结构中的零部件设计主要包括口袋设计、纽扣设计、装饰设计等,其中装饰设计常用的装饰手法有绣花、镶、嵌、滚、荡、盘等。

4.1.2　品牌故事——Missoni(米索尼):针织掌门人

1953年创始人泰·米索尼(Ottavio Missoni)与罗莎塔·米索尼(Rosita Missoni)结为夫妇,同年在意大利瓦雷泽创立Missoni,由他们俩任设计师,用他们的艺术天赋造就了今天著名的

Missoni。以针织著称的 Missoni 品牌有着典型的意大利风格，几何抽象图案及多彩线条是 Missoni 的特色，优良的制作、有着强烈的艺术感染力的设计、鲜亮的充满想象的色彩搭配，使 Missoni 时装不只是一件时装，更像一件艺术品。

"当泰遇到罗莎塔"

1921 年，南斯拉夫达尔马提亚，一个名叫 Ottavio Missoni 的男孩诞生，他并不知 10 年后在意大利某个小村庄一个名叫罗莎塔·杰米尼 Prosita Jelmini 的女孩的诞生对他意味着什么。这个被朋友昵称为"泰"的少年灿若星辰，特别是在体育方面卓现才华，16 岁的他已是 400 米赛跑男子纪录的保持者。生活对他并非意味着一帆风顺，二战虽然使他经历了一系列的磨难却同时造就了那颗坚毅、乐观的心。要感谢那次 1948 年的伦敦奥林匹克运动会，作为运动员的泰遇到了还是学生的罗莎塔，"缘"，妙不可言……他们于 1951 年订婚，两年后结婚，并在他们居住的地下室建立了一个小型的针织品工作室。同年，夫妇俩在意大利创立 Missoni 服装品牌和公司，这就是著名 Missoni 王国的起源，听起来倒是很像国王和王后的故事。

Missoni 品牌特色："色彩＋条纹＋针织"

任何一个看过 Missoni 作品的人都会被其服装既复杂又和谐的色彩与图案所折服，许多看起来冲撞的颜色被放在了一起，这似乎是矛盾的，但在泰手中却是合理的。这个具有诗人气质的设计师对色彩的掌控如同玩转烂熟的魔方。即使在儿孙绕膝荣升祖父级的时候，泰依然会陶醉在工作室里摆弄色卡、彩笔组合起不同系列的梦幻色调，有时也会借助机器来配色，但大多数来自个人的灵感和数学逻辑。不同于伊夫·圣洛朗名噪一时的"蒙特里安样式"，米索尼式的色彩和几何抽象纹样如同万花筒，没有重复只有风格：条形花纹、锯齿纹样、利用平针和人字纹组织配合而成微微波折的细条纹、肌理凹凸提花马赛克图案……无论是嬉皮当道的上世纪 70 年代还是崇尚极简的 90 年代，甚至是被喧嚷着进入后现代的日子里，色彩＋条纹＋针织一直就是 Missoni 设计的特色，也是在众多品牌中直接辨认的最好方法。这倒是让人想起了香奈儿的那句名言：时尚变迁，风格永存。事实上，除了羊毛针织、亚麻、丝、棉、毛呢、灯芯绒、粘胶纤维等越来越多的新型面料都会被 Missoni 品牌的设计师完美地组合成套衫、连衣裙、外套、运动服、泳衣甚至是挂毯、地毯……

Missoni 家族的第二代

如今为自家的品牌各司其职，鉴于两个哥哥分别投入管理和技术，Angela Missoni，他们的小女儿，开始在意大利的时尚界崭露头角。看看 2004 年春夏系列，修长的轮廓，蓬松的头发、宽大的墨镜、木质的高跟鞋……充满了 70 年代的味道，正是当年 Missoni 品牌走红意大利 T 型台的时候。用她自己的话来说，这是为了纪念她父母在意大利创立 Missoni 品牌历经 50 年。依旧是缤纷的色彩组合：圣诞红、橙、柠檬黄、湖蓝、靛蓝、粉绿、淡绿、象牙白、黑……标志性的条纹：宽细条纹、斜条纹、人字纹、电波纹……只是 Angela 将更多流行元素注入了这一系列。正如她的名字，如同一个天使，微笑着肆意摆弄几何纹样，厌倦了平直或波折的线条，迷恋上了蝴蝶的翅膀。那绝不是招摇艳俗的蝴蝶，也不是森英惠的"蝴蝶夫人"，Angela 将蝴蝶最美的色和形糅合在她喜欢的面料和款式中，低胸连衣裙、套装和短裙、中空衫和长裤、长袍和热裤、泳衣和沙滩装……柔软的面料服贴地倚在模特儿的身上，色彩和纹样随着优雅的步伐跳着华尔兹，Angela 和她的家人用微笑再次向时尚界证明了爱上 Missoni 不需要理由，只需要你真实的感觉。

4.2　技能训练题

（1）服装造型设计遵循的原则。

（2）思考针织服装的造型设计的应用,尝试设计一款针织服装,主题自拟。

任务四　针织服装的装饰设计

1　任务描述

针织服装设计中的装饰手段的运用也很重要。在后期工艺中,装饰手段如镶边、刺绣、添加蕾丝、切割撕裂、拼补、绗缝、缀花等的运用非常重要。可以将镶、嵌、贴、滚的工艺手法运用于针织服装的裁片接缝处,如领口、袖口、裤口、下摆、门襟等边缘处,来增加装饰效果;可以用拉链、纽扣、水钻、珠片、缎带、花式线等各种装饰品为简洁的针织服装进行增色;可以用印花、钩花等手段增加针织服装的设计特色,如毛衫领口、袖口、下摆等处的钩花装饰,毛衫局部的刺绣图案装饰等;也可以用印、织或绣有各种图案与字母的面料进行灵活拼接搭配,丰富针织服装的装饰效果,开创时装化、外衣化的毛衫风格。

2　任务目的

能熟练掌握不同的针织服装装饰设计要点,可以进行不同风格特点的针织服装装饰设计。

3　知识准备

针织服装的细节装饰手段有系带、拉褶、拉链、扣襻、开衩、纽扣、镶边、绣花、刺绣、加袋、缀贴、流苏、珠饰、钩花等,其中有代表性的简述如下:

3.1　辅料添加

在设计简洁款式单调的针织服装上巧妙的添加各种辅料作为装饰,能提升针织服装的设计感及美感。可用来添加的辅料有:珠片、拉链、纽扣、蕾丝等。

3.1.1　珠片、水钻等

在针织服装中,珠片、水钻、亚克力钻的装饰添加是最为常见的装饰手法,在服装的领口、前胸运用的最为常见。用大小不同、形状各异的珠片可以形成各类图案,装饰在服装的各个部位;也可以用珠片随意无规则的进行装饰,同样也别具风格(图2-59)。

图2-59　针织服装中珠片、水钻的装饰效果

3.1.2　拉链

拉链在近年来的针织服装中已成为使用频率最高的休闲运动装元素之一。如在素色的针织服装上加一条装饰拉链,不仅能起到连接衣片的作用,而且能对服装的视觉效果起到画龙点睛的作用。用拉链作分割线富有活泼、年轻的特质(图2-60)。

图2-60　针织服装中拉链的运用

3.1.3　纽扣

纽扣是针织服装中不可缺少的部件,除了具有扣紧、固定服装的实用功能之外,还起着装饰作用。由于纽扣在服装上常处于显眼的位置,正确选择纽扣,可产生画龙点睛的效果。

纽扣的材料有贝壳、金属、木头、塑料、皮革、陶瓷、布料等,纽扣的种类也极多,如按扣、搭扣、四合扣、衣钩等。

纽扣的选择与服装的功能、造型风格、整体尺寸有关,如窄小紧身的衣服常用数量较多的纽扣或中等大小的纽扣;而宽松大衣外套则适宜搭配较大的纽扣,与大衣前片尺寸相适宜(图2-61)。

图2-61　针织服装中纽扣的运用

3.1.4　各类花边

花边的种类很多,蕾丝花边、缎带花边、棉线花边等等,在领口、袖口、门襟、下摆等部位添加花边,可使针织女装更添女性魅力(图2-62)。

图2-62　针织服装中花边的装饰效果

3.2　工艺装饰

3.2.1　流苏

通常出现在针织服装的下摆部位,摇曳的流苏设计为服装增添活力与动感。

流苏的种类很多,可以是由针织圆机类面料直接剪开制作成流苏,撕裂的效果充满朋克风格,酷劲十足;也可以由针织毛纱制作成流苏,悬垂于服装下摆部位,摇弋生姿,充满浓郁的异域风情(图2-63)。

图2-63　针织服装中流苏的装饰

3.2.2　荷叶边

层层叠叠的荷叶边的装饰极富女性气质,波浪起伏的感觉为服装增添甜美优雅气质。通常装饰在服装的衣领、袖口、裙摆等部位,也有满身装饰荷叶边的连衣裙,称为蛋糕裙(图2-64)。

图2-64　荷叶边在针织服装各个部位的装饰效果

3.2.3 刺绣

刺绣是针织服装装饰设计中常用的一种手法。根据图案的不同风格,搭配上富有民族气息和手工感的刺绣,使普通的针织衫个性十足。常用的刺绣手法有平绣、雕绣、抽绣、珠绣、贴布绣等(图2-65)。

图2-65　针织服装中刺绣图案的装饰运用

3.2.4 抽带、系带、褶皱

抽带、系带在春夏的针织服装中运用较多,柔软轻薄的针织面料非常适合褶皱设计。抽拉后针织面料所形成的自然褶皱,赋予针织服装别具一格的外观(图2-66)。

图2-66　针织服装中抽绳设计产生的褶皱效果

3.2.5 钩花装饰

在毛针织服装的袖口、下摆等处经常可以看到有钩花装饰。由钩针编织而成的花样大多呈镂空图案花纹,形状变化丰富,针法变化灵活。另外,用钩针也能钩编成各类装饰品装饰在服装上,例如立体花朵、叶子造型等(图2-67)。

图2-67　钩花装饰的针织服装

4　技能训练

4.1　技能训练实例

收集各类针织服装领型,设计并绘制12款(图2-68)。

图2-68　针织服装各种领型

4.2 技能训练题

收集各类针织服装袖型,设计并绘制 12 款。

任务五　针织服装的风格设计

1　任务描述

针织服装的风格各异,每种风格都有其独特的特点,该任务主要针对针织服装的风格展开描述分析。通过该任务的学习,使学生详细了解各类针织服装风格不同的款式特点、色彩种类、轮廓造型、装饰细节等方面的知识点,配合图片加以辅助学习。

2　任务目的

能根据针织服装各种风格的特点,正确识别各类风格的代表色彩、服装款式、廓型结构、装饰细节等,以熟悉针织服装风格的类别,并区分它们的不同之处。

能熟练运用各种风格,设计出符合风格特点的针织服装款式。

3　知识准备

3.1　认知针织服装的风格

所谓风格,在社会生活中是指人的思想行为特点及个性表现。在当代设计中,风格是指设计师在设计作品中所表现出来的独特之处和个性特征。具有独特风格的设计师,其作品即使不署名,人们也能很快识别出来。

风格形成于设计师对事物独有的见解,设计师的性格、生活经历、审美趣味,对服装风格的形成都会有影响。服装风格是设计师设计思想和艺术特点在服装设计实践中的具体反映。风格带有强烈的个性特征,它是传递服饰风格的载体。在服装设计中,款式造型、色彩、面料表现是形式内容,风格表现的是审美内涵。

风格能传递出服装的总体特征,给人以视觉上的冲击和精神上的感染,这种强烈的感染力就是设计的灵魂所在。风格是独特性与差异性的表现,设计师依靠自己的独特风格而成名于世,没有个性风格的设计必定会淹没,不会成为优秀的设计作品。没有独特风格的服装产品,很难吸引人或给人深刻的印象,当然也很难占据市场。

服装风格的形成不是通过设计一件美观、适体的服装就可以形成,它是设计师在长期的设计实践中逐步形成的,它需要设计师具有广博的文化知识、丰富的社会阅历、开阔的视野、开放的思维和对设计事业孜孜以求的精神。设计风格存在多元化的特征,有的清新淡雅、温馨可人,有的明媚鲜艳、富丽豪华,有的柔和疏朗、优雅别致。

3.2　针织服装的风格类型

3.2.1　传统古典风格

现代服装设计中的古典形象,灵感源于正统保守的古典服装风格,款式传统、经典,不太受流行左右,严谨而高雅,文静而含蓄。基本型的正统西式套装、高领套头打底毛衫等款式最具代表性,颜色多为古典色——藏蓝、咖啡、米白、黑色等(图2-69)。

图2-69　传统古典风格效果

3.2.2　柔美浪漫风格

柔美浪漫风格指甜美、柔和和富裕梦幻的纯情浪漫女孩形象,是纯粹表现女性柔美的服装形象。纤细、柔软、透明的面料设计效果可以完美的表达这一主题形象,局部细节常用波形褶边、蝴蝶结、花边等进行装饰,色彩多用柔和的粉色系,如粉红、粉蓝、粉禄、藕色、白色等(图2-70)。

图2-70　柔美浪漫风格

3.2.3　优雅高贵风格

优雅高贵风格表现出了成熟女性精致、优雅、稳重的气质风范,多以表现女性完美曲线为造型要点。最具代表性的服装是用柔软的丝绸面料、精致的纹样设计制作而成的礼服、羊绒材质的紧身连衣裙等,配饰多以精美水钻、亮片等高档材料来点缀。色彩多为柔和的灰色调(图2-71)。

图 2-71 优雅高贵风格

3.2.4 民族乡村风格

民族乡村风格是指吸取了民族服装理念精华的服装风格形象,是从欧洲、亚洲、非洲、中东、南美洲等民族服装或美国垦荒时代所穿用的服装中汲取灵感,并展开联想所得到的田园风格形象,包括具有农场乡土气息的乡村农民形象,以及充满异域风情的俄罗斯、原始美国、热带民族风格和美国西部等乡村风格形象。

这类服装的造型、色彩、材质感特征,大多依靠灵感源进行确定,既可以是古朴、含蓄的,例如东方风格;又可以是热情奔放的,例如非洲风格等。在现代服装中,吸取民族传统服饰的精髓,找到与时尚的融汇点,把富有民族代表性的设计元素重新发挥运用,诠释传统精神文化的思想内涵(图 2-72)。

图 2-72 民族乡村风格

3.2.5　先锋前卫风格

先锋前卫风格是一种极端的时尚,从朋克式、摩登派等市街艺术中获得灵感,设计元素新潮、追求时尚另类、刺激开放、奇特独创的服装风貌,表现出对传统观念的叛逆和创新精神,时尚个性化的服装形象与古典风格形象成为两个对立的派别。前卫风格服装造型元素复杂,排列随意,服装多用时髦、新奇的材料,并经常运用打毛、挖洞、打铆钉、磨旧、刺绣、钉珠等面料再造的手法,以创造新颖的视觉效果(图2-73)。

图2-73　先锋前卫风格

3.2.6　休闲运动风格

运动休闲从运动装、工装、军服等获得灵感,其风格轻松明快、活力四溢,充满了青春健康的气息。设计中借鉴运动服装元素,款式宽松随意,穿着舒适,以适应服装的功能;色彩亮丽明快,局部细节设计有拉链、连帽、色彩对比鲜艳的嵌条以及夸张的口袋等(图2-74)。

图2-74　休闲运动风格

3.2.7　男士风格

男士风格吸收采纳了男性服装中的设计要素，演变为女性长裤套装等形象，体现了男性意思、追求自立等独立自强的新女性魅力形象。代表性的服装样式为深暗色调的针织开衫等。在局部细节设计常用肩章、立领、贴袋，不收腰设计等，配饰上多采用领带、领结、鸭舌帽、礼帽等，颜色趋向男性化的色彩，如黑色、咖啡色、藏蓝、灰色等（图2-75）。

图2-75　男士风格

3.2.8　现代都市风格

现代都市风格以都市建筑、科幻电影、宇航服为灵感启示，立体而有棱角的直线构成，表达冷静、简洁、利索的服装形象，创造一种简洁利落的现代化景观，简练的造型也表现出了现代化都市的紧张节奏气氛。多用无彩色或冷色系，零部件设计较少，款式简洁，线条明快，结构感强（图2-76）。

图2-76　现代都市风格

4　技能训练

4.1　技能训练实例

4.1.1　几何图案对针织服装产品风格的影响

（1）几何图案的不同造型手法对针织服装风格的影响

当中性化风潮蔓延到针织男装以后，一切装饰元素变得皆有可能了。针织男装也期待"新孔雀时代"。于是，几何图案很自然地爬上了绅士们的针织时装，将针织男装悄悄推上了时尚最前沿。

①　几何图案的点造型

所谓点造型就是几何图案作为局部点的装饰方法。在这类设计中，装饰的部位对针织服装的整体风格起到"点睛"作用，侧重细节的处理是把握整体风格的关键。如：针织男装的肩部用比较方的几何造型，如三角形、条纹，更能凸显整个针织服装"力"的气质，活跃而绝不浮夸，适合年龄较轻的男性穿着；而用在衣服下摆，显得整个服装的中心下移，凸显的是男性的成熟稳重气质，更适合气质相对成熟的男性穿着。

②　几何图案的面造型

a. 几何图案的"规则组合设计"

所谓几何图案的"规则组合设计"就是按照某种特定规律重复几何图案组合。几何图案的"规则组合设计"比具象图案的组合设计更具有现代感和时尚品位。这种设计更适合针织正装设计。许多高档品牌羊毛衫主要是以几何图案的"规则组合设计"为特色的，更适合40岁左右的"高级白领"穿着，体现了穿着者沉稳的性格和对生活品位较高的追求。

在这种设计中，几何图案的组合是设计的第一步。在构图上不仅要考虑单个图案组合的效果，还要考虑连续图案的整体效果，因为它们都会对整个针织服装的风格产生巨大的影响。从美学上来看，三角形的构图最具有视觉上的稳定感，最能为人的视觉和心理接受。

除此以外，重复设计的节奏感也十分重要。服装不是音乐，它的节奏只能通过设计的语言来表达。最重要的就是要用线条粗细的渐变来表达结构；其次，色彩对于"节奏"的表达也至关重要。通过明度和纯度渐变产生丰富层次，重复这种有规律的渐变，能使整个针织服装产生层次变化和节奏感，从而对其整体风格产生巨大影响。色彩和几何图案排列跳跃较强烈的，整体设计显得更为张扬而有朝气；色彩和几何图案排列跳跃较平缓的设计，则更能体现一种沉稳、内敛、理性的风格。

b. 几何图案的"不规则设计"

近年来的时尚舞台受摇滚风潮影响，针织服装一改过去的"循规蹈矩"，各种张扬风格的几何图案将针织服装表现得"后现代感"十足。条纹、菱形花纹、圆点花纹交织在一起，仿佛设计师只是在画一幅表达强烈情感的"抽象画"。在这种设计风格中，几何图案的构成成了整个针织产品的风格灵魂。线条的变化、各种针织手法以及镂空的编织效果，甚至是拼接其他时尚面料都强化了这种街头感十足的风格。

（2）几何图案的特殊处理对针织服装的风格影响

现代针织服装，立体设计已经开始逐渐代替平面化针织风格。这种经过特殊处理设计的针织产品具有巨大的市场潜力。

① 几何图案的立体处理设计

几何图案不再是平面的,条纹图案变成了立体条纹,显得服装更富有肌理感。在某些程度上也为针织服装添加了"理性思索"的风格。立体化的几何图案更容易引起视觉上的刺激。特别是"规则设计"的几何图案运用于针织服装,规律中加重了变化的层次感。如果选用中性色,针织便能完美表现"时装中性化"风格趋势。

当立体几何图案运用在不规则变化的针织服装中时,无疑为针织服装加上了一笔浓重的艺术韵味,立体似乎在人们印象中更完美地诠释着艺术。这种设计还可以利用几何图案在视觉上的错觉,使针织服装起到修饰身材、表达性感的作用。

② 几何图案的镂空处理

说到时尚,不能不提到"镂空设计"。这种设计风格被许多前卫的设计师搬上了时尚的舞台。镂空设计的几何图案针织服装像美丽的蜘蛛网包裹着女性身体,散发着神秘的气息,有着魔幻般的性感色彩,多层这样的镂空几何图形叠加设计,使针织时尚面料具有了蕾丝般的华美气质。

国际上,Patachou 在今季的针织服装上,推出了各种妖娆变形的几何图形镂空设计,使整个设计充满了魔幻般的性感,各种宽窄斜条、圆点等,透着浓浓的"后现代气质"。这种时尚的针织设计受到了服装界的普遍关注。

针织的特殊质感和编织手法给了几何图案生命力,而几何图案使针织具有了理性或者性感等多重的美丽气质,不同的造型方法打造了针织时装不同的时尚表情和风格。几何图案似乎总是在改变自己来影响着针织每一款每一季的风格,而针织也用各种美丽的编制针法演绎着各种经典的几何图案之美。

4.1.2　全球最受欢迎的 7 个针织服装品牌

(1) 瑞典品牌 Sandra Backland

Sandra Backland,瑞典针织品牌,位于其首都斯德哥尔摩。设计师 Sandra(珊卓)作为全球大师级的针织设计师被很多时尚杂志所关注。积木式的针织作品,灵感来源于消瘦的人体框架和钩针编织工艺,设计师 Sandra 喜欢艺术方面的冒险尝试,然而每一次的尝试都会给人惊喜。同时,她也被 LV 和 Emilio Pucci 两大时尚奢侈品牌邀请做针织类的单品设计。

点评:Sandra Backland 一直被誉为"针织女王",原因很简单——她能够将普通设计师眼中最为柔软贴体、毫无造型优势的针织与毛织材料把玩得新颖、怪诞、活灵活现,甚至能呈现出硬挺的梭织面料才能实现出来的厚重而夸张的造型效果:粗棒针手工编织加扭花工艺实现了对称甲壳、螺钿造型;细腻精致的钩花肌理体现出藤本植物的灵动触感;横向的鼓波组织与其他面料的结合构成了排列有序的渐变阶梯层次,如植物的骨骼一般节节延伸……Sandra Backland 的设计件件独特,处处体现设计师对于大自然那逻辑的美感、有机体的无限崇敬与热爱。

(2) 英国品牌 Sibling

来自英国伦敦的著名针织品牌,其主创设计师是被誉为"三个火枪手"的 Joe Bates、Sid Bry-an、Cozette McCreery,他们善于运用高纯度的颜色和华丽配色方式,专为男士设计针织衫,拥有华丽的、非主流的品味,着实吸人眼球。

点评:Sibling 的风格幽默风趣且街头感很强,爆炸感的对撞色、街头涂鸦的图案、抢劫犯的面罩被加上熊猫耳朵……惯用图案的他们喜欢把全身上下、里外都织满花样,而头饰的设计也是每一季的点睛之笔:有耳朵的熊猫面罩、朋克骷髅面罩、带毛毛球的非洲风格头套与服装相互呼应着,整体配套感较强。值得注意的是,虽然他们在图案上大动干戈,而服装的品类却是相当的实穿:毛织开衫、套头毛衣、连衣裙最为多见。系列设计中也并非完全为针织、毛织款,也是聪明地穿插了少量梭织款式的,毕竟市场是品牌服务的对象。

（3）意大利品牌 Missoni

Missoni 是位于意大利北部城市瓦雷泽的世界著名时尚集团。因其风格独树一帜的针织成衣而闻名世界,利用条纹、锯齿状图案、几何图形、圆点、格纹,让针织衫看起来像人体上的一幅立体画,多年来,得益于一流的相关机器配置和创新的纺织技术,Missoni 针织服装开创了全新的、惊人的工艺方式,打破了传统上经、纬纱,图案和色彩的限制。

点评:一如既往的 Missoni 经典渐变色细条纹早已成为其独有的标志深深地映入世人的脑海了。如反射波般微小的图形变换及如彩石般色彩斑斓的绚烂效果是需要强大的工艺技术才能够实现的。纯丝羊毛的优良纱线、从薄到厚的横向跨度也是其品牌实力的体现。专注,是我所钦佩的 Missoni 精神。

（4）英国品牌 Mark Fast

英国针织品牌,位于伦敦。设计师 Mark（马克）的作品是女性身体的一种延伸。善于运用莱卡纱线塑造女性的玲珑曲线,他认为,他的作品代表了一种生活态度,代表了经典、身体与美丽。

点评:如果说 Sandra Backland 在冬天,Mark Fast 则在酷夏。他喜欢用极细的丝线钩编出薄如蝉衣、极其贴体的造型,隐约透出的肌肤色、各样大胆的镂空及动感的流苏无一不在诉说着"性感"这一关键词。加上丝线原本的光泽感,配以其精湛的工艺,更显出精致、华贵之感。由于工艺相对复杂,因此在配色方面多以同类色为主。品类方面也相对简单地以连衣裙为主,免去了女士们在搭配方面的烦恼。毕竟,他的每一个单品也是极其独特的。

（5）法国品牌 Sonia Rykiel

Sonia Rykiel 是来自法国巴黎的针织品牌。与其说设计师是一个时尚设计师,不如说她更像是一个小说家,针织女皇 Sonia Rykiel（索尼娅·瑞吉）因创造了由内而外的缝合、无锁边、无拼接的针织工艺而让女性的身体从塑身裙装中得到解放。

点评:与之前几个品牌相比,Sonia Rykiel 的定位更加市场化。款式简约、实穿,塑造的是一个优雅、活泼、自由的都市年轻女性形象。活泼感主要体现在色块的运用上:同色调中各样近似色的穿插、较为高的纯度、少量黑色的点缀……品类亦较为丰富:开衫、马甲、外套、连衣裤、半裙一应俱全。实用性是其关键词。

（6）英国品牌 Louise Goldin

来自英国伦敦的针织品牌。Louise Goldin（刘易斯·戈登）是非常出众的奢侈品牌的针织设计师,他改变了人们看待羊毛的视角,开启了全新的时尚潮流,巧妙地运用针织面料及其特殊的编制方法制作而成的透视装让女性看起来性感十足,该品牌受到欧美明星的极力追捧。

点评:略带科技感、未来感的针织品牌确实比较稀有,比较独特,比较小众。对称的碎块拼接、直线形的分割、离体的结构都是针织与毛织在工艺上较难处理的设计要素。然而 Louise Goldin 做到了,结合其他梭织面料、配以多样化的工艺手段,在这块风格鲜明的处女地上插了一面红旗。

（7）爱尔兰品牌 Tim Ryan

爱尔兰著名时装设计师 Tim Ryan（蒂姆·瑞恩）的针织服装风格鲜明且性感十足。12 年的自学经历，让他对纯羊绒、真丝纱线及多种金属丝面料的运用炉火纯青。

点评：流苏最近似乎一直火热，而如此大胆运用的还属 Tim Ryan，在他的设计里面，流苏就像是彩色蜡笔涂鸦的笔触一般活泼愉快、自由随性，从肩部流淌而下至臀部，成为一款款色彩迥异的全流苏披肩。为了突出彩色的流苏披肩，搭配以舒适的纯白或黑色瘦裤与背心则是自然而然的事情。Tim 的服务对象亦为性感柔美且不失幽默的年轻时尚女性。

4.1.3 设计并绘制 5 款柔美浪漫风格的针织服装，用平面款式图表现（图 2-77）。

图 2-77（a） 针织服装设计图

图 2-77（b） 针织服装设计图

4.2 技能训练题

（1）试举例说明生活中常见针织服装的风格及其特点。

（2）请搜集一种风格针织服装的相关图片资料，然后尝试设计一款针织服装并说明其风格特点，如朋克风格、哥特风格、巴洛克风格、波希米亚风格，等等。

（3）设计并绘制五款运动风格的针织服装，用平面款式图表现。

裁片类针织服装款式设计 | 项目三

    裁片类针织服装是针织服装中比重较大的一类,也是针织服装中很重要的一类。同时,款式设计也是针织服装设计中重要的前期工作。本项目要求学生通过知识准备、技能训练,掌握裁片类针织服装中 T 恤、运动服、文胸、内裤、保暖内衣套装、家居服、泳装、卫衣、婴儿爬服等热门针织服装的设计。

    本项目由九项任务组成,即 T 恤设计、运动服设计、文胸设计、保暖内衣设计、内裤设计、家居服设计、泳装设计、卫衣设计、婴儿爬服设计。

任务一　T 恤 设 计

1　任务描述

　　T恤属于裁片类针织服装的种类之一,该任务详细描述了 T 恤款式设计方面的主要知识点。在了解了针织服装设计的基础知识之后,对 T 恤款式进一步展开深入分析,主要通过多款式展示,掌握针织 T 恤领、袖、下摆等各个部位的局部结构的设计手法,以及色彩、图案、面料在整体造型中的运用,并结合技能训练实例学习 T 恤设计的方法。

2　任务目的

　　能根据针织 T 恤各个零部件的局部结构特点,正确识别各类领子、袖子、下摆、装饰细节等,以熟悉 T 恤零部件的类别,并区分它们的不同之处。

　　能综合运用各种设计手法,展开联想,设计出新颖的 T 恤款式。

3　知识准备

3.1　针织 T 恤领型设计

　　针织 T 恤的常见领型主要包括无领和翻领,是 T 恤局部结构中的不可缺少的组成部分,对 T 恤的风格形成起到了关键的作用,它的设计和装饰是 T 恤的整体造型中至关重要的组成部分。

3.1.1　无领

　　无领是 T 恤中最基础、最简单、也是最常见的领型,是指有领圈而无领面的领型款式。根据设计需要,在领口处挖剪出各种形状的领圈造型,领线形状造型变化很多,如圆形领、V 形领、U 形领、一字领等,领圈开口的高低、宽窄带来不同的视觉风格。在工艺手法上,有折边、滚边、饰边、加罗纹等处理方法,造型简洁大方,裁剪、制作方便,穿着舒适、柔软。

　　(1) 无领的造型设计

　　① 圆形领

图 3-1　圆形领针织服装

圆形领是最自然的基本领型,在T恤中的使用率很高,前后领口呈半圆形或近似半圆形,圆领的大小可以根据领线横开半径的大小及领线的弯度变化进行调节,大圆领呈现活泼俏皮的风格,小圆领呈现精致典雅的风格(图3-1)。

②V型领

顾名思义,V型领的领口线形状酷似字母V字,由两条斜线对接成型,它使脖子显得修长、挺拔,适合佩戴颈饰。V领的大小可以根据领线的横开宽度、前中心点的上下位置进行调整,也可以在领口边缘进行装饰变化(图3-2)。

图3-2　V形领针织服装

③一字领

一字领在穿着时呈现出"一"字形的外观效果,横开领较大,领线横向很长,领口很浅,通常在颈窝点附近,前后两部分看起来像一条水平线或微弧线,具有视觉左右移动的效果(图3-3)。

图3-3　一字领针织服装

④ U形领

形状像U字型的领口叫做U型领,形状介于方形和圆形之间,线条较为柔和。U领的大小可以根据横开领的宽度、领线前中心点下沉的深度、领弧线的弯曲度来进行变化(图3-4)。

图3-4　U形领针织服装

⑤ 斜肩领

斜肩领也称为单肩领,是领线从一侧肩部向另一侧腋窝下面倾斜的领口,在造型上具有典型的不对称和不平衡的感觉,带来独特的视觉感受,是当下较为时髦的领型(图3-5)。

图3-5　斜肩领针织服装

⑥ 垂领

垂领也成为荡领,是指前领横开领的宽度大于后领,前后领拼合后,前领线自然呈现向下悬垂的状态,堆叠出层层皱褶,悬挂在前胸部位,具有浓郁的女性化风格,优雅别致,设计感较强(图3-6)。

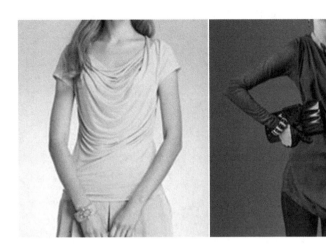

图 3-6   垂领针织服装

（2）无领的工艺设计

① 滚边领

款式特点是在领口的周边包滚一条与大身料相同的横纹布。多用于针织内衣产品。面料一般为汗布类，较薄，当使用较厚面料滚边时，会对成品领口规格产生一定的影响，计算领口尺寸时，需要考虑坯布的厚度，在领深、领宽的尺寸中扣除坯布的厚度，约为 0.25 cm（图 3-7）。

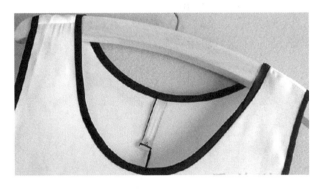

图 3-7   针织服装的滚边领

② 罗纹领

款式特点是在领窝处绱双层罗纹。罗纹领与大身料组织不同，形成明显组织变化效果，常用于内衣、T 恤、绒衣类产品。领口形状以圆型、V 型居多。由于圆领造型的要求，一方面由于罗纹的弹性一般大于大身料组织，使得成形后领口平服、圆顺，另一方面，圆领罗纹的宽度不宜过宽，当罗纹的宽度大于一定的值后，领口内外圆的周长相差较大，超越了罗纹组织特点的发挥，达不到造型的要求，因而圆领罗纹的宽度，一般为 2～3 cm 为宜，内外圆的周长差需通过缝合时稍做拉伸来调整，以保证领口造型平服和圆顺；另一方面，从服用要求分析，领口罗纹本身的弹性就大于大身面料，需要拉伸领口罗纹以取得与大身相应的弹性，因而确定时应避免领口过松或过紧,达不到造型和服用的要求。应用时需要通过试制样衣的方法来确定,领口尺寸需扣除罗纹宽规格(图3-8)。

图3-8　针织服装的罗纹领

③ 折边领

即在领口处折边处理,有三折边、折边两种形式。三折边一般采用平缝、链缝线迹,折边的宽度不宜过宽,一般为0.75~1 cm,因这类领口弹性较小,考虑到穿脱的功能性,适用于领口较大的产品,如V形领、大圆领。

④ 饰边、贴边领

饰边领是在领口部位加花边、丝带以强调装饰。贴边领的主要目的,是对领口边口做工艺处理,因而可参照梭织面料领口加贴边的工艺处理方法,这类领型在与丝带、花边贴边缝合时强调平整,弹性较小,设计时需综合考虑装饰效果、工艺要求和服用功能的要求(图3-9)。

图3-9　针织服装的饰边、贴边领

3.1.2　翻领

翻领也是 T 恤中较为常用的领型,是指领面摊贴在领圈上(无领座)或翻摊在领脚外面(领座将领面撑起)的领型。从材料上可分为大身料翻领、横机领、异料领三大类。

(1)大身料翻领

大身料翻领是指采用与大身材料相同的翻领,其款式的变化表现为领口造型的变化、领面宽窄的变化、领座高低的变化等。在设计翻领时,由领口造型变化可产生的领型有圆翻领、V 字翻领、铜盆领、水手领等;由领面宽窄变化产生的领型有小圆领、小方领、披肩领、围巾领等。

(2)横机领

横机领是指采用专用横机进行编制的成型产品,根据所需要的领宽和领长在编织时设置分离横列,下机后拆散而成。由于外口线的延伸性符合翻领的造型要求,结构上任属直角结构;在设计时多利用色织,边口组织的变化来丰富领型款式的变化。为了款式上的统一,一半袖口形式与领子相一致。在 T 恤的基本款式中,POLO 衫的领型是最具有代表性的横机翻领领型。

(3)异料领

异料领是指 T 恤的领子采用的面料与大身面料不同,是近几年来 T 恤设计中出现的新品种,常用经编蕾丝、雪纺、棉布等材料拼接在 T 恤上,设计新颖独特,富有变化。根据 T 恤的风格和综合造型的需要,选择合适的材料进行拼合,这需要设计者充分理解面料、服装结构和功能的需要去创造,设计感较强。

3.2　针织 T 恤袖型设计

针织 T 恤的袖型变化较多,常见的袖型有无袖、连袖、装袖、插肩袖,各种袖型具有不同的结构特点,各有特色,各自呈现出不同的风格。由于袖子的造型需要适应人体上肢活动的特定需要,又要与整体服装取得和谐协调的观感,在 T 恤整体造型中占有特殊地位,是表现流行款式的重要组成部分。

3.2.1　无袖

无袖又称为肩袖,是肩部以下无延续部分,直接由袖窿作为袖口的一种袖型。在设计时,可以利用折边、滚边的形式在袖窿处进行工艺处理,也利用花边等辅料进行拼接点缀。无袖 T 恤具有造型活泼多变,穿着效果轻松自然、浪漫洒脱的特点,可以充分显示出肩部手臂的美感,但手臂粗大肥胖者不宜用此袖型设计。

图 3-10　针织服装的连袖设计

3.2.2　连袖

连袖又称连裁袖,是肩袖一体、呈平面状态的袖型,衣袖下垂时,构成自然倾斜的肩部造型,也下会有一些自然、轻柔的折纹。连袖袖身大多较宽松,造型上有袖根肥大、袖口收紧的宽松设计,袖口可采用折边、装克夫等设计手法修饰,袖身的长度可任意设计。它的袖片与衣片连在一起,肩部没有拼接线,肩形平整圆顺,与衣服浑然一体,具有宽松、舒适的特点(图 3-10)。

3.2.3　装袖

装袖是 T 恤中应用广泛的袖型,是把衣袖和衣身分开裁剪,再经装接缝合而成的袖型。穿着自然、宽松、舒适、大方。装袖有长袖、中袖、短袖之分,袖身的变化分为收袖口和放袖口,款式变化丰富,形态各异,如甜美可爱的泡泡袖,精致典雅的披肩袖、垂褶袖,造型生动的花瓣袖等(图 3-11)。

图 3-11　针织服装的垂褶袖、披肩袖设计

图 3-12　插肩袖 T 恤

3.2.4　插肩袖

插肩袖的肩部是和袖子相连的,是将袖窿的分割线由直线转化为曲线而形成的。衣身与插肩袖袖山的拼接线可以有很多种,不同的插肩拼接线显现着不同的风格面貌。这种袖型从视觉上增强了手臂的修长感,感觉也更舒适,所以运动款的 T 恤多采用插肩袖(图 3 12)。

3.3　针织 T 恤下摆设计

针织 T 恤的底边称为下摆,下摆线是服装造型布局重要的横向分割线,它的变化直接影响 T 恤廓型的变化。

3.3.1　下摆造型设计

(1) 水平型

水平形的下摆是指 T 恤下摆直线水平裁剪,高低一致,呈水平直线型,是 T 恤中最为常见的下摆形态,呈现稳定齐平的外观造型。

(2) 圆形

圆形下摆的造型呈现半圆形或弧线形,通常 T 恤的侧缝两边较短,中间较长。

（3）左右不规则型

不规则型的 T 恤下摆造型较为随意，可分为左右不对称和前后不对称两种形式。其中，左右不对称的 T 恤下摆线可以是一边高一边低，呈斜线造型；也可以是下摆两边侧缝点处较长，中间较短的造型；或者是下摆线为任意折线，长短不一的不规则造型，前后不对称的 T 恤下摆线可以是前高后低或者前低后高的形态。

不规则的下摆造型呈现宽松、随意、另类的风格感受。

左右不对称的 T 恤，如图 3-13 所示。

图 3-13　左右不对称 T 恤

前后不对称的 T 恤下摆，如图 3-14 所示。

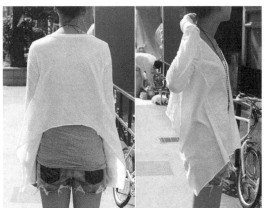

图 3-14　前后不对称 T 恤

（4）波浪形

波浪形下摆展开后较大，面料悬垂后出现垂直向下的自然皱褶，下摆线形态呈现波浪造型。波浪形的下摆呈现甜美、柔媚、精致的女性化风貌（图3-15）。

图3-15　波浪形下摆T恤

（5）开衩形

开衩形下摆在POLO的款式设计中运用的较为广泛，一般在侧缝靠近下摆处留出3～5 cm不拼合，做折边处理，显得青春活泼。近两年来，在流行款的女式T恤中也运用较多，开衩部位出现在侧缝、前身、后身的中部或任意位置，设计独特新颖，通常在不规则的下摆中出现（图3-16）。

图3-16　开衩衫

（6）流苏形

T恤中的流苏形下摆通常是把下摆垂直修剪成等宽的细条状，或在下摆拼接流苏状的辅料，整体造型充满浓郁的异域风情（图3-17）。

图 3-17　流苏形下摆 T 恤

3.3.2　下摆工艺设计

（1）折边式

折边式下摆是将底边外的面料折叠成双层，然后绷缝而成。

（2）滚边式

滚边式下摆是将底边用大身面料或另外的面料进行包边而成。

（3）拼接式

拼接式下摆通常用大身面料或横机料拼接，形成克夫的款式，这类 T 恤通常在领口、袖口也进行同样的拼接方式，以求设计上的呼应，也可根据款式风格拼接其他面料或辅料。

3.4　针织 T 恤细节装饰设计

针织 T 恤的细节设计中，装饰、附件的设计也是非常关键的，它不仅能增加 T 恤的功能，而且还能增强形式美感。在设计中，附件是服装创新的绝佳途径，利用装饰、附件细节强调款式造型，是一种非常巧妙的设计手法。后期工艺中，装饰手段的运用也很重要，如绣花、印花、抽带、缀花手法可以运用在 T 恤大身、领口、袖口、下摆、门襟等各处增加装饰效果，也可以用拉链或使用纽扣、水钻、珠片、花式线等装饰品为 T 恤增色。

（1）刺绣

刺绣是 T 恤设计中常用的一种手法。富有民族气息和手工感的刺绣，使普通的 T 恤个性十足。常用的刺绣手法有平绣、雕绣、珠绣、贴补绣等。刺绣的装饰手法使 T 恤上的图案具有立体感，显得细腻精美、生动别致（图3-18）。

图 3-18　民族风绣花 T 恤

（2）印花

印花是 T 恤设计中最常用，也最普遍的一种手法，印花图案色块清晰。颜色鲜艳，十分易于表现 T 恤上的图案。T 恤印花常见种类有水性颜料印花、胶浆印花、热固墨印花、转移印花等（图 3-19）。

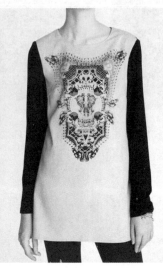

图 3-19　印花 T 恤

（3）拼接

拼接的装饰手法变化较多，可以在 T 恤上运用不同的色块进行拼接设计，使 T 恤呈现青春、动感的风貌，也可以在 T 恤中运用不同面料进行组合设计，通常在领口、袖口、下摆等部位添加或拼接蕾丝花边、雪纺、棉布等各种不同的面料，可使 T 恤增添甜美可爱或典雅精致的女性魅力（图 3-20）。

图 3-20　面料拼接 T 恤

（4）流苏、荷叶边

在 T 恤的领口、下摆、前身等部位,装饰富有女性气质的流苏、荷叶边,来演绎性感自由的波希米亚风格。

（5）褶皱

褶皱设计富有浓郁的女性化风格,通常用于 T 恤的袖窿、前胸、侧缝、下摆等部位。面料抽缩后形成的自然折皱,立体而有动感,也可以起到修饰身材的作用,因此,在一些特体形的 T 恤设计中也常用褶皱的手法(图 3-21)。

图 3-21　T 恤中的褶皱设计

（6）抽绳

抽带是通过绳子的抽拉,使面料产生折皱的效果,所形成的自然褶皱赋予 T 恤别具一格的外观,既可以起到装饰的效果,也可以用于固定(图 3-22)。

图 3-22　T 恤中的抽绳设计

3.5　针织 T 恤图案设计

以图案为主的设计是 T 恤衫设计的主要内容,基本款型的圆领短袖 T 恤的变化主要表现在其图案的变化,设计师把重点放在胸前的印花图案上,不同的图案能赋予 T 恤不同的风格。在一定程度上,T 恤衫设计也就演变成了平面的图案设计。图案设计的题材可以很广泛,包括文字、风景、人物、卡通漫画等。

3.5.1　商标图案

有很多国际品牌的 T 恤,它们的印花图案就是自身商标,这样不仅对该 T 恤有广告宣传作用,并且起到装饰作用。商标纯粹是造型艺术,是标记产品来源和公司荣誉的记号。它造型单纯、小而统一,能起到在一瞬之间最容易识别富有文化内涵的视觉语言效果,所以商标是公司、产品的广告代言"人"。商标图案一般运用在 T 恤胸口部位,或是以满身印花的形式出现(图3-23)。

图 3-23　商标图案 T 恤

3.5.2　文字类图案

文字是人类文明进步的主要工具,也是人类文化结晶之一,它是记录与表达人与人之间感情沟通的符号。由于文字源远流长,经过历史历练、岁月的琢磨,使得字的本身具备了形象艺术之美,它是文化交流最主要的传递者。字体造型是 T 恤文字类图案设计的关键,中文、英文等各国语言文字,阿拉伯数字经过设计者的概念、构思、立意与时代相融合,具有较强的艺术感染力和吸引力(图3-24)。

图 3-24　幽默汉字图案 T 恤

3.5.3　抽象类图案

抽象图案一般没有直接的含义,是由点形变化、线形变化和面形变化形成的图案。T恤中的抽象图案较为常见的包括几何型纹样、泼墨图案、扎染图案等,造型自由随意,风格独特(图3-25)。

图3-25　抽象图案T恤

3.5.4　人物类图案

人乃社会的主宰,万物之灵,人物题材一直是各类艺术形式所表现的重要内容。以人物造型为题材的图案,也是T恤图案的选材之一,比较多见的有人物肖像绘画图案、明星照片图案等。人物图案内涵丰富,姿态优美,表情生动,是人类美化自身、装饰生活的一个重要艺术手段(图3-26)。

图3-26　人物图像T恤

3.5.5　卡通漫画类图案

T恤中的卡通漫画类图案,通常色彩丰富,造型轻松、明快,形象风趣幽默,装饰效果较好,充满童趣(图3-27)。

图 3-27　卡通人物图案 T 恤

阅读材料：如何有效地进行针织 T 恤设计？

（一）T 恤的面料设计

1. 常用面料

日常穿着的 T 恤，常用面料包括纯棉汗布、涤棉单双面汗布、纯棉、涤棉六网眼布、珠地、罗纹面料等。如今，在健康环保的理念下，全棉已经成了 T 恤衫的标准，许多新型纤维面料也开始广泛运用，如竹纤维、大豆纤维、牛奶蛋白纤维、莫代尔等，这些面料的手感柔软，吸湿透气，且大多属于纯天然纤维，十分符合消费者不断增强的回归自然和环保的意识。

2. 面料成分

（1）100% 纯棉：纯棉就是指 100% 棉花为原料织成的面料，它的价格比较高。

（2）T/C 面料，指的是涤和棉为原料混纺的面料，它含涤的比例较高，涤的比重在 60% 以上。涤/棉成分比例 90/10、85/15、75/25、70/30、65/35、60/40。

（3）CVC 面料，指涤和棉为原料混纺的面料，它含棉的比例在 60% 以上，价格比 T/C 高。涤/棉成分比例 40/60、30/70、20/80、15/85、10/90。

（4）100% 纯涤：指只含涤纶的面料，它的价格最便宜。

3. 面料厚度

圆机面料的厚薄，用每平方米布的重量来表示，通常称为"面密度（g/m^2）"，面密度越大，面料越厚。T 恤面料的厚薄一般在 $110 \sim 260\ g/m^2$，比较常用的面料厚度为 $180 \sim 220\ g/m^2$。

（二）T 恤的色彩设计

1. 白色 T 恤

白色，是一种高洁而又内在的颜色，它适合所有的人种、所有的地域、所有季节，是一种永远的"流行色"。白色的 T 恤给人以明亮、整洁、轻盈的视觉感受，它是最容易进行装饰的 T 恤，适合在 T 恤上做单色或彩色的图案装饰，也适合进行 DIY 的手绘图案绘制，白色的底色使图案更加突出、醒目。白色T恤在服装整体搭配造型时也是必不可少的服装单品。

2. 黑色T恤

黑色是T恤的视觉感受,通常可以表现出高雅的、优越的、理性的、神秘的、庄重的效果,甚至有高品位的感觉。黑色T恤若与彩色鲜艳的图案搭配显得青春活泼,具有活力;若与白色、灰色的图案搭配,则显严肃冷静、个性时尚,饶有品位。由于黑色具有收缩感,因此黑色T恤还具有修饰体型的作用。与白色T恤相似,黑色T恤也是经久不衰的流行单品,适宜于搭配任何风格、任何款式的服装。

3. 灰色T恤

灰色是一种柔和的、倾向性不明确的颜色,它是黑色与白色的折中调和,个性不强,有很强的适应性,因此,灰色T恤具有黑白T恤两者的优点,具有高雅、含蓄、稳重、温和的风韵。亮灰色T恤给人以明朗、高雅、轻柔的感觉,暗灰色则具有含蓄、深沉、稳重之感。灰色T恤适应面非常广,年轻人穿着显得文静高雅;中年人穿着显得自然大方;老年人穿着显得深沉稳健,各有各的独特韵味。

4. 红色系T恤

红色代表热情。充满青春气息的红色系T恤,使人兴奋,引人注目,给予穿着者以生命力和喜气。玫红色、桃红色、粉红色的T恤给人以健康、可爱、甜美、羞涩的感受,适于年轻人或肤色较白的人群穿着;朱红色、大红色的T恤显得热烈、温暖、喜庆,具有活力,朝气而快活,受到个性强烈的年轻人群青睐;暗红色、紫红色的红色T恤显得较为稳健、理性,适于年龄大一些的人群穿着。

5. 黄色系T恤

高明度的黄色系T恤,呈现出光明、活泼、华丽的视觉感受。黑皮肤的人穿着时,其强烈的对比效果能产生一种粗狂奔放的美感,浅肤色的人及儿童穿着时,显得可爱活泼,粉嫩可人。深黄色T恤对穿着者的肤色、年龄要求较高,肤色偏黄的人、老年人都不适于穿着黄色T恤,会显得面容憔悴,精神不佳;浅黄色的T恤适于少女穿着,显得更加轻快活泼;偏红的黄色T恤,令人联想到阳光和火焰,故有一种热烈、愉快、温暖之感,而且有一种南国情调,对肤色较深的人来说特别适宜;偏冷味的黄绿色T恤,则具有清新、生动、富有生命力之感。

6. 蓝色系T恤

蓝色令人联想到万里晴空、深远碧海的色彩,蓝色系的T恤,具有一种华丽内向的张力,有收缩体型的视错觉作用。天蓝色的T恤呈现明快、活力的视觉感受,有希望之意蕴;湖蓝色的T恤显得优雅、华丽;深蓝色的T恤显得深沉、稳重,是智慧、能力的象征;蓝紫色的T恤有深邃、宁静的感觉,从而产生豪华、高雅的独特个性。

7. 绿色系T恤

绿色是人的视觉最适应的颜色,它象征森林和草地,因此,绿色系T恤洋溢着清新、青春和生命的气息。黄绿色T恤,有着欣欣向荣的清新向上的意味;孔雀绿T恤,给人以华丽的视觉感受,并带有浓郁的异域风情;橄榄绿T恤,高雅端庄,在军装风格的T恤中运用较多;深沉的苔绿色,沉稳而不失时尚感,产生冷艳高贵的视觉感受。

8. 紫色系T恤

高明度的淡紫色T恤,如浅青莲、浅紫红色、浅藕荷色T恤,具有典雅、甜美、轻盈、飘逸的女性柔美感觉;偏冷的深紫色 T 恤则具有得神秘、华丽、高贵的气质。

（三）T 恤的款式设计

1. T 恤的基本款式

（1）圆领 T 恤

如今,T 恤款式变化极其丰富,有长、短袖,内、外衣,包括不同的材质、不同设计手法装饰等,但 T 恤的基本款式仍以圆领全棉短袖为主,这种基本款的 T 恤虽然经历了百年,还是不可动摇地占据着每年夏天的服装主流地位。图案是这类 T 恤设计中重要的装饰手法。

（2）POLO 衫

POLO 衫原本称做网球衫(tennis shirt)。最初是由 LACOSTE 品牌推出的有领运动衫,在网球运动时穿着,后来广为大众喜爱,于是演变成一般的休闲服装,用于商务、休闲等非正式场合的着装。

其款式的主要特征为:横机翻领,前中两粒或三粒扣的门襟,长袖或短袖子款式,后长、前短的衣身设计,且侧边有一小截开口的下摆。设计时,常用条纹配色、图案进行装饰。

2. 不同风格的 T 恤款式

（1）休闲运动风格的 T 恤款式

休闲风格的款式外轮廓造型常采用 H 形,即不收腰的直身廓型。领型多用罗纹拼接的圆领、横机翻领、连帽领等领型,舒适随意,便于活动;装袖或插肩袖是此类风格 T 恤的常用袖型,款式简洁明快,利落大方;下摆线造型多呈直线形或圆弧形。在装饰手法上,印花或绣花图案最为常见,此外色块拼接、镶边的装饰手法也较为常用。在色彩设计中,鲜艳明亮的色彩最能体现休闲运动风格的主要风貌,给人以动感活力的感受(图3-28)。

图 3-28　休闲运动风格 T 恤

（2）女性化风格的 T 恤款式

女性化风格的 T 恤外轮廓造型多为 X 形、A 形,常采用收腰、增大下摆的设计手法。大圆领、V 领、垂领的设计,泡泡袖、灯笼袖的袖型,并运用抽褶、拼接等装饰手段,搭配蕾丝花边、荷叶边、蝴蝶等,呈现出柔美、浪漫、典雅的浓郁女人味。亮钻、珠片、珍珠等材料的点缀,更增添精致、细腻的细节感受。在色彩上多用高明度低纯度的粉彩色,强调柔和、高雅的气质,如粉红、粉蓝、粉绿等(图3-29)。

图 3-29　女性化风格 T 恤

（3）前卫风格的 T 恤款式

前卫风格的 T 恤造型大胆、前卫，多采用不规则设计、不对称的款式设计，运用镂空、撕裂、做旧等手法出现在 T 恤的各个部位，铆钉、链子点缀胸部、腰部、袖口、下摆等部位，以装饰手法表现出厚重的效果。在图案运用上，多采用涂鸦式图案、骷髅图案、恐怖血腥图案等刺激性图案，以营造怪异、另类的视觉感受。黑色为常用主色调，同时在图案中搭配白色、红色、金银色等较为醒目的颜色，与主色调形成强烈反差（图 3-30）。

图 3-30　前卫风格 T 恤

4　技能训练

4.1　技能训练实例

实例：女款圆领 T 恤设计

（1）资料收集：根据技能训练要求，收集女款圆领 T 恤款式，并在图片中寻找灵感来源（图 3-31）。

图3-31 女款圆领 T 恤款式参考图 1

（2）款式分析：此款 T 恤运用了不对称的拼接手法，在前胸部位进行了撞色色块的拼接设计，并用刺绣图案进行装饰，图案风格带有浓郁的中式风味。在拼接处进行了抽褶处理，巧妙地装饰细节不仅使 T 恤增加了美感，而且很好地修饰了身材。深浅两种颜色的搭配，为 T 恤增添了动感和活力。

（3）模仿设计：以此款 T 恤为灵感来源，充分运用其设计手法，并结合知识要点中的 T 恤常见的袖型、下摆造型和装饰细节、图案等设计元素，进一步收集资料，展开联想，根据要求设计出新的款式。

参考资料如图3-32 所示。

图3-32 女款圆领 T 恤款式参考图 2

（4）款式设计：如图3-33所示。

图3-33　女款圆领T恤款式设计图

4.2　技能训练题

（1）翻领T恤款式设计。

（2）以荷叶边为主要设计元素，设计T恤款式。

任务二　运动服设计

1　任务描述

该任务主要针对运动服装的款式设计进行详细分析，通过对运动服领、袖、下摆等各个部位的逐一认知和学习，深入了解各部位的局部结构，学习各种不同的局部款型，并结合运动服的色彩设计、图案设计、装饰细节等各种设计手法对运动服进行整体设计，通过技能训练实例，进一步体会运动服设计的方法。

2　任务目的

能熟悉和掌握运动服的款式变化及各部位局部结构。

能根据设计要求，运用各种设计手法，设计并绘制出款式新颖的运动服。

3　知识准备

3.1　运动服领型设计

运动服的领型变化主要分为无领、立领、翻领、连帽领。

3.1.1 无领

运动服的无领型设计中,领线变化不是很多,以圆形领、V形领为最常见的领型,另外也有U形、一字领等变化。考虑到运动服的功能性及合体性,领线位置一般设计的偏高,以适于运动(图3-34)。

图3-34 无领运动服

3.1.2 立领

立领是运动服的外套中比较常见的一种领型,可以用大身面料或者罗纹来制作立领,通常连接拉链,穿着时可以拉上拉链,竖起领子,也可以拉链不拉到底,翻下领子穿着。也有的立领与拉链不相连,前领呈圆弧状设计(图3-35)。

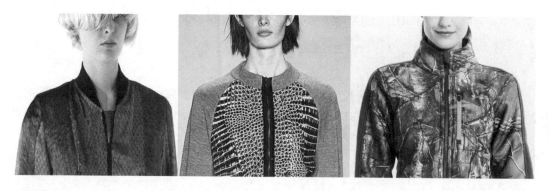

图3-35 立领运动服

3.1.3 翻领

运动服的翻领和大多数针织服装的翻领相同,可分为有领座和无领座两种领型,无领座的翻领领面直接摊贴在领圈上,这种翻领中,采用罗纹领作为领面较为常见;有领座的翻领由领座和领面两部分构成,主要的设计变化在领脚与翻领大小的幅度变化(图3-36)。

图 3-36　翻领运动服

3.1.4　连帽领

连帽领是运动服中的常见样式,它将帽子与领子的结构相融合,起到防风保暖的作用,因此在登山服、防寒服中运用较为普遍。另外也有立领后方加帽的设计,这种领型是在立领的基础上,在后立领处添加拉链,帽子可以做脱卸设计,或者可以折叠后藏于立领中,功能性较强(图3-37)。

图 3-37　连帽领运动服

3.2　运动服袖型设计

3.2.1　无袖

在运动背心中,常见无袖的袖型设计,可以充分展示运动员肩部及手臂的美感及力量感,无袖的设计,也减少了运动时的束缚感,使活动更加自如。

3.2.2　装袖

传统的装袖袖型在运动服中也较常见,一般袖肥较宽,袖身较为宽松,袖口用罗纹收紧,具有方便、舒适、宽松的特点。

3.2.3　插肩袖

流畅随意,具有运动风格的插肩袖可以算得上是运动服设计师们的最为青睐的袖型,插肩袖的整个肩膀被袖子覆盖,直至领线处,个性十足。衣身与插肩袖的拼接线可以有很多种,不同的插肩拼接线显现着不同的风格面貌(图3-38)。

图 3-38　运动服的三种常见袖型

3.3　运动服下摆设计

常见的运动服的下摆以水平形居多,也有圆形、开衩形、前长后短形等。下摆呈直身式和收口式两种状态,直身式下摆通常采用折边的工艺手法,将底边折叠成两层或三层缝合而成;收口式下摆则采用各类罗纹组织或双层平针组织拼接收口而成,或者在直身式的底边处添加收紧的系带设计,可以根据运动时的需要,随意收放(图 3-39)。

图 3-39　运动服的下摆变化

3.4　运动服细节设计

专业运动服的装饰细节不多,主要表现在图案的变化上,一般有表明国籍的图案或服装品牌的商标,还有一些会有赞助商的广告。休闲运动服的装饰较多,一般反映在领子、袖、袋、肩、门襟、腰部、底摆、口袋、裤口、裤缝或裤腰的变化上。例如,口袋可采用立体袋型、带褶袋及双层袋;或裤腰上装松紧带,在裤缝上缉明线,裤片采用不同的颜色,在裤腰上加商标;还有拉链、饰扣、黏贴的装饰运用等(图 3-40)。

图 3-40　运动服的细节设计

3.5　运动服整体设计

3.5.1　运动服面料设计

　　早期由棉、麻等材料制成的运动服装有很大不足:重量大,与身体摩擦大,缺乏足够的柔韧性,在运动中常影响运动员创造出好的成绩。为了寻求更轻巧、柔韧性能好的材料,人们研制出了锦纶、涤纶等高分子聚合物。与传统相比,锦纶衣物在减轻重量方面有极大的优越性,而以锦纶织成外套,加上涤纶绒的衬里具有更好的保暖效果。于是运动服装开始使用这些化学纤维替代天然纤维,并逐渐成为主流。早期的锦纶服装尚有缺陷,如透气性差、不耐磨、较易拉裂变形等。研究人员不断对锦纶进行改良,并研制性能更好的材料,发展至今,已有不可胜数的人工合成物诞生。在运动服装这个天地里,目前应用的高科技纤维大致有聚酰胺尼龙面料、Performancl fabrics(功能性纤维)、Tnermolite buse 纤维、聚四氟乙烯防水透温层压织物、Coolmax 纤维、硅酮树脂、莱卡、杜邦 Sorona 等。

　　从以上纤维的发展变化可以看出,纤维的不断革新势必使面料的性能不断有新的提高。然而对面料而言,也绝不仅仅是由一种纤维决定。专业运动装考虑到专项运动所具有的特点,整体的面料由多种纤维混织而成,这就必须考虑纤维种类,其中包括各类纤维的比例、层数、密度等。在局部的处理上也很严格,如出汗多的服装部位加多排汗的纤维,关节处加柔韧弹力纤维,受力处加强锦纶纤维等。其实因运动员个体的不同,最好的运动服装是量身定做的,并非一般人所能想象。

3.5.2 运动服的色彩设计

专业运动服设计时,多采用亮色调色彩,例如纯度和饱和度较高的红色、玫红、亮黄、湖蓝等,与黑白灰的拼块搭配,鲜艳醒目,运动感十足。另外,鲜艳的颜色在运动中也起到了一定的保护作用,例如鲜艳的户外运动服,可谓是雪地中的"安全色",在出现一些意外情况的时候,鲜艳的颜色有利于营救人员的寻找,起到很好的保护作用。

休闲运动服适合在日常生活中穿着,在设计上偏重舒适、时尚等特点,因此色调较为柔和,同时会适当采用当季的流行色,比如一些著名的运动服装公司一改大红大绿、多彩设计的思路,开发出了许多更贴近个人生活、工作环境,近似于便装的运动服,可以看出他们以这种特质吸引了更多不同年龄层次的非运动消费者。

3.5.3 运动服的款式设计

(1)运动服的基本款式

① 运动背心

无袖款式的运动背心,在领型、袖型及背部都有着丰富的造型设计,通常能显示出运动员健美的身材(图3-41)。

图3-41 运动服背心

② 运动T恤

各种袖型、领型的运动T恤,轻薄简便,非常适宜在运动时穿着,同时也能起到修饰身材的作用(图3-42)。

图3-42　运动T恤

③ 运动外套

运动外套适宜在从事户外运动时穿着,美观与实用功能兼备。拼色拼块、撞色搭配是它的常见设计细节(图3-43)。

图3-43　运动服外套

④ 运动裤

针织运动裤的款式变化主要有裤长的长短变化、裤口的大小变化、裤腰的设计变化以及口袋的装饰变化,等等。除此之外,图案及辅料的装饰也丰富了运动裤的设计细节。垮裤款的运动裤近年来较为流行,是年轻潮人们的必备款式(图3-44)。

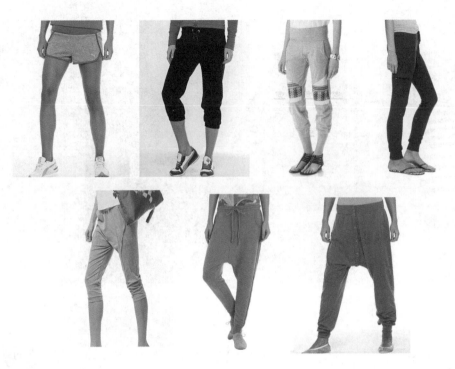

图 3-44　运动裤

（2）不同类别的运动服款式变化

① 跑步运动服

跑步运动服的设计，除了讲究面料轻盈、排汗快，还多采用连肩袖的剪裁方式，接片较少，或是背心式，可以减少手臂摆动时造成的衣服与身体的摩擦，增加舒适性（图3-45）。

图 3-45　跑步运动服

② 骑行运动服

骑行服主要是为自行车运动员设计的服装,在自行车比赛中较为讲究速度,因此运动服在设计时一般较为贴身,有分体式和连身式两种,其目的是尽可能减小与空气的摩擦阻力,另外在裤子的裆部添加海绵等填充物设计,以增加长时间坐在车坐凳上的舒适性(图3-46)。

图3-46　骑行运动服

③ 网球、羽毛球运动服

网球服和羽毛球服通常为上下两件套,男女款的上装以T恤较为常见,女款下装搭配网球裙裤,男款则是运动短裤(图3-47)。

图3-47　网球、羽毛球运动服

④ 篮球、足球运动服

由于篮球、足球等球类运动比赛时间较长,因此这类运动服在设计上要注重舒适性和宽松度(图3-48)。

图3-48　篮球、足球运动服

4　技能训练

4.1　技能训练实例

为你所在学校的教师设计教职工运动服一套(图3-49)。

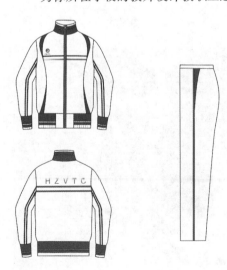

图3-49

设计说明:此款运动服设计的灵感来源于校徽上的浪潮图案,在设计时把绿色的曲线拼块运用于整套服装中,体现了杭职院的特色,同时富有动感。白色为主色调,搭配绿色拼块和银灰色镶条,清新自然。

4.2　技能训练题

为你所在的学校(班级)设计校服(班服)一套。

任务三　文胸设计

1　任务描述

文胸又称胸罩、乳罩、Bra,能保护女性胸部,维持胸部理想形态、位置、高度,修饰胸部曲线,使胸部挺立、增加丰满感,同时抑制肋下或上腹部多余脂肪,是现代女性必不可少的贴身内衣之一,可以起到很好的塑形和保护、衬托乳房的作用。

一件好的文胸不仅可以对身体起到很好的保护作用,还可以使女性身心愉悦,产生一种自内而外的自信和美丽。文胸是内衣设计里最重要的一部分,也是内衣行业技术含量最高的一个品种。

2　任务目的

掌握文胸的结构、分类与选择等相关知识,能够进行文胸的设计。

3　知识准备

3.1　文胸的概念

文胸是保护乳房、美化乳房的女性物品,它一般由系扣、肩带、调节扣环、文胸下部的金属丝、填塞物等组成。

据说,世界上第一只文胸是美国一位名叫菲玛莉的女士发明的。1914 年的一天,菲玛莉为争当巴黎盛大舞会的皇后,一下子心血来潮,用两条手帕加丝带扎成了能支撑乳房的简单文胸,在舞会上果然引起了与会人士的浓厚兴趣,一家紧身衣公司老板用高价购买了专利。从此,文胸问世,并很快在全世界妇女中广泛流传,成为妇女卫生保健、身体健美的必需品之一。

另一种说法是早在 1859 年,一个叫亨利的纽约布鲁克林人为他发明的"对称圆球形遮胸"申请了专利,被认为是文胸的雏形。1870 年,波士顿有个裁缝还在报纸上登广告,售卖针对大胸女性的"胸托"。到了 1907 年,专门设计长袍的法国设计师保罗·波烈声称:"我以自由的名义宣布束腰的式微和文胸的兴起。"虽然不知道他到底设计了什么,但由此被认为是胸罩的发明人。

关于文胸的起源,说法有很多。文胸前名是紧身衣(Corset),在 18 世纪时就已出现,当时妇女穿它以保持体态。但因紧身衣非常不舒服,逐渐演变成分上下两件(束胸及束腹),再经过巴黎设计师们的巧艺,式样愈来愈简单,终演变成今日的胸罩和束裤。不过胸罩惊人的款式变化是近一二十年才有的。胸罩的英文是 Brassiere，口头多简称为 bra，出自法文。

3.2　文胸的结构设计

（1）肩带

肩带是连接文胸罩杯和侧比的部分，可以起到固定文胸，防止移位的功能；还可以起到提起乳房外侧，使乳房向中央收拢的作用。肩带有垂直状、外斜状、内斜状三种，两根肩带的距离也有宽窄之分，全包式文胸肩带较窄，两带间距比较适中，斜包式文胸两肩带间距则稍宽（图 3-50）。

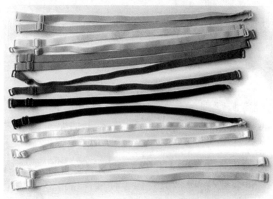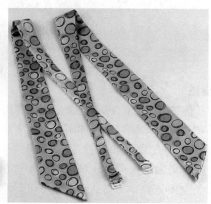

图 3-50　文胸肩带

（2）罩杯

罩杯是文胸的主体部分，它直接作用于女性的胸部，用来包容、保护乳房，也是塑造胸部造型的最直接的部分，对塑造女性胸部曲线有着显而易见的作用。

（3）后拉片

后拉片是文胸的后片也称侧比、翅子，是将文胸固定在身体上的部分，主要是以拉架弹力布来制作。后拉片可宽可窄，在有些装饰性强的文胸设计时，后拉片也可以用简单的一根细带代替，这也是后拉片的一种变形（图 3-51）。

图 3-51　文胸后拉片

（4）鸡心

鸡心是文胸的前中部分，用来连接左右两个罩杯，并起到固定罩杯的作用。鸡心按其形态可以划分为高鸡心、普通鸡心、低鸡心、连鸡心、有下巴鸡心、无下巴鸡心等几大类型（图 3-52 和

图 3-53）。

图 3-52　低鸡心文胸

图 3-53　连鸡心文胸

以上几个部分构成一个完整的文胸,每一部分有自己独特的功能,四个部分分别改动、变形,或是同时改动、变形,可以形成不同风格、不同作用的款式。

3.3　文胸的种类

3.3.1　按罩杯分类

（1）3/4 罩杯文胸

3/4 罩杯是三款文胸中,是集中效果最好的款式,如果你想让乳沟明显地显现出来,那您一定要选择 3/4 罩杯来凸显乳房的曲线。此罩杯任何体形皆适合（图 3-54 和图 3-55）。

图 3-54　3/4 罩杯文胸

图 3-55　1/2 罩杯文胸

（2）1/2 罩杯文胸

1/2 罩杯文胸利于搭配服装,此种文胸通常可将肩带取下,成为无肩带内衣,适合露肩的衣服,机能性虽较弱,但提升的效果也不错,胸部娇小者穿着后会显得较丰满。

（3）5/8 罩杯文胸

5/8 罩杯文胸,属更精细的划分,介于 1/2 和 3/4 罩杯文胸之间（图 3-56 和图 3-57）。

图 3-56　5/8 罩杯文胸

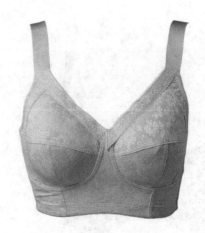

图 3-57　全罩文胸

（4）全罩文胸

全罩文胸可以将全部的乳房包容于罩杯内,具有支撑与提升集中的效果,是最具功能性的罩杯。任何体型皆适合,适合乳房丰满及肉质柔软的人。

3.3.2　按肩带分类

（1）四肩带文胸

这种文胸除了肩上两个带子之外,背部还有两根交叉的肩带,这种肩带的内衣可以搭配露背的礼服或者露背的 T 恤,性感中有一点妩媚气息,高雅中似乎有一点外露的诱惑和神秘感。

（2）V 字形肩带文胸

这种文胸的背部呈 V 字形设计,可以有效地防止肩带下滑,在实用的同时也兼具了修身的效果。如果这种文胸的外面搭配同色系的露背衫,那绝对是一种很上位的搭配（图 3-58）。

（3）套颈式肩带文胸

这种类型的文胸是前搭钩的,背部既无搭钩也无肩带。肩带与罩杯相连,不可摘下,套颈穿着。这种肩带的文胸只适合

图 3-58　V 字形肩带文胸

乳房偏小的女士穿用,因为肩带着力点在颈部,大胸女士穿此款不利胸部造型。另外,这一款也不适合与露颈外装搭配。

（4）交叉式肩带文胸

这种肩带较长,它的特点是在背部交叉,其功能是使文胸固定更好,肩带绝无滑落的麻烦。这种款式适合爱活动的年轻女孩,无论上班还是出游,都能稳定胸部,没有烦恼。

（5）U 字形肩带文胸

这种肩带从文胸背部拉架边沿就受力,因而与文胸整合较好。使文胸穿在身上不会上下窜

动。这种肩带的文胸可以配合运动装,或者背部镂空的衣服穿着,且舒适大方而又不缺时尚感。

(6)无肩带文胸

无肩带文胸大多以钢圈来支撑胸部,便于搭配露肩及宽领性感的服饰。

(7)无肩带长型文胸

无肩带长型文胸可以调整腹部、腰部之赘肉,表现女性的曲线,现多用来搭配性感服饰,比如晚礼服等。

图3-59　无肩带文胸

3.3.3　其他类型

(1)前扣文胸

前扣文胸钩扣安装于前方的文胸,一般便于穿着,也具有一些集中效果(图3-60)。

图3-60　前扣文胸

图3-61　一片式无缝文胸

(2)特殊功能型文胸

特殊功能型文胸是标准文胸的一种,罩杯下端之土台较长,能把腹部、背部的赘肉及多余的脂肪往胸部集中。

(3)无缝文胸

无缝文胸罩杯表面是无缝处理,缝入厚的绵垫,胸下围之土台也是无缝处理,适合搭配紧身服饰(图3-61)。

图3-62　长束型文胸

(4)魔术文胸

魔术文胸在罩杯内侧装入衬垫,藉以提升并托高胸部,可表现胸形及深隧的乳沟。

(5)长束型文胸

长束型文胸是标准文胸的一种,罩杯下端之土台较长,能把腹部、背部的赘肉及多余的脂肪往胸部集中(图3-62)。

(6)休闲型文胸

休闲型文胸一般都是用来搭配服饰或平日居家休闲而穿着的。

3.4 文胸的规格设计

文胸的型号是由文胸尺寸和罩杯尺寸两部分构成的。通常所说的女性胸围,是指沿女性乳头绕胸一周的长度。而文胸的尺寸,指的是女性的下胸围,即沿女性乳根绕胸一周的长度。罩杯尺寸是指女性的胸围减去下胸围的差(表3-1和表3-2)。

罩杯一般用 A、B、C、D……等大写英文字母表示,每 2.5 cm 为一级,允许误差为 ±1.25 cm。通过公式:罩杯尺寸 =(胸围 - 下胸围)计算。例如:10 cm = A 罩杯、13 cm = B 罩杯、15 cm = C 罩杯、18 cm = D 罩杯、20 cm = E 罩杯。

表 3 - 1   文胸罩杯尺寸说明表

罩杯型号	胸围与胸下围的差距	罩杯型号	胸围与胸下围的差距
AA	约 7.5 cm	C	约 15 cm
A	约 10 cm	D	约 17.5 cm
B	约 12.5 cm	E	约 20 cm

文胸尺寸 = 下胸围尺寸,常用的标号有:70、75、80、85、90、95、100、105,均为 5 的整倍数,误差范围为 ±2.5 cm,例如测量为 77 cm,那么应该佩戴的文胸规格为 75 号。

例如:胸围是 83 cm,下胸围是 70 cm, 应穿着≥70B 的文胸。胸围 85 cm,下胸围 70 cm,那么罩杯尺寸就是 85 cm – 70 cm = 15 cm,即为 C,文胸型号就为 70C。只要是符合国际文胸标识标准的产品,都用这样的方法来区分规格型号。

表 3 - 2   文胸尺码对照表

下胸围	上胸围	上下胸围之差距	杯 型	尺 码
70 cm	80 cm	10 cm 左右	A	70A
70 cm	82.5 cm	12.5 cm 左右	B	70B
70 cm	85 cm	15 cm 左右	C	70C
75 cm	85 cm	10 cm 左右	A	75A
75 cm	87.5 cm	12.5 cm 左右	B	75B
75 cm	90 cm	15 cm 左右	C	75C
80 cm	90 cm	10 cm 左右	A	80A
80 cm	92.5 cm	12.5 cm 左右	B	80B
80 cm	95 cm	15 cm 左右	C	80C
85 cm	95 cm	10 cm 左右	A	85A
85 cm	97.5 cm	12.5 cm 左右	B	85B
85 cm	100 cm	15 cm 左右	C	85C
90 cm	100 cm	10 cm 左右	A	90A
90 cm	102.5 cm	12.5 cm 左右	B	90B
90 cm	105 cm	15 cm 左右	C	90C

有时候,在文胸的规格表示中会见到32、34、36……的尺寸字样,这个与通常所说的下胸围的换算关系如表3-3所示。

表3-3　中国码与国际码的转换

大陆码	国际码	中国码	国际码
40	90	34	75
38	85	32	70
36	80		

3.5　文胸的选择

3.5.1　按胸型选择

(1)小胸部底面积小胸型

特点:看起来像柠檬切片的胸型。

建议穿着:适合穿着有衬垫、有造型的无缝文胸或活动衬垫的魔术文胸、水机能文胸,都集中托高胸部,使得胸部的外形显得较丰满、圆润。

(2)小胸部底面积中等胸型

特点:乳房容积小,使得胸部看起来像半小球体。

建议穿着:适合穿着有衬垫、有造型的无缝文胸及3/4文胸。

(3)小胸部底面积大胸型

特点:如荷包蛋胸,平坦有如盘状,一般而言就像运动选手般的倒三角身材。

建议穿着:此型脂肪较硬,应选择有加衬垫的一体成型无缝文胸,或一般选择1/2罩杯。

(4)中胸部外开胸型

特点:外开主要是因手臂上下运动时拉动两腋的乳房而形成。

建议穿着:选择两胁部较宽幅及固定力较佳的测压效果文胸,罩杯中心较窄,可使乳房易于向中心靠拢。

(5)中胸部扩散胸型

特点:过度肥胖及脂肪不结实的体型,年龄越大扩散情况越大。

建议穿着:加强胁部补整力,将脂肪挤向乳房中心,全罩或3/4罩杯皆宜,加大乳房上侧的脂肪收入罩杯内,完整包容。

(6)中胸部下垂胸型

特点:乳房肌肉因年龄逐渐松弛,及地心引力的关系所造成的胸部下垂。

建议穿着:全罩或水滴型罩杯,下垂严重者,加强胁部固定力的文胸。

(7)大胸部外开胸型

特点:乳房肌肉因年龄逐渐松弛,及地心引力的关系所造成的胸部下垂。

建议穿着:选择能向中心靠拢,胁部加强侧翼功能,罩杯中心点间隔较小之文胸,使乳房向中心点靠拢,多应用3/4罩杯,能加速补整。

(8)大胸部扩散胸型

特点:底面积过大及腋下、乳房下脂肪过多,肥胖及脂肪柔软者,容易形成胸部扩散。

建议穿着：选择两胁部面积大且强、中长型之全罩或 3/4 罩杯，由大致小的底面积文胸交替应用，可以使脂肪向前胸收拢，使双乳间隔缩小。

（9）大胸部下垂胸型

特点：大胸部自然会随着年龄逐渐下垂，过度下垂的胸部，会使人看起来老态。

建议穿着：选择大罩杯、容积深或水滴型文胸最适合，为加强支撑力，也可使用中、长型文胸，加强补整效果。

3.5.2　按肩型选择

（1）平肩者

平肩者，肩膀弧度小，肩胛骨明显。如果是窄肩类平肩，可通过戴偏外侧肩带的文胸使乳房向两侧扩展；如果是宽肩类平肩，就要戴肩带偏里侧的文胸，使乳房集中一些。

（2）薄肩者

肩膀弧度适中，肩部的肌肉不厚，锁骨、肩胛骨明显。一般女性都是这种肩。选文胸的时候，可以选肩带略靠外侧的设计，肩带宽度可以窄一些，这与单薄的肩膀比较相称。还可以选择中间位置的肩带设计，使乳房提升力稳定。需要注意的是，薄肩体形要让肩带贴住上胸部，试穿时看看肩带与身体间有无空隙。

（3）厚肩者

肩膀弧度适中，肩部肌肉较厚，锁骨、肩胛骨看不大出来。并非都是胖人才有这种肩。骨架大的女孩子相应地肩也比较厚。选文胸要选宽一点肩带的，拉力足够，肩膀也舒服。肩带位置最好选居中或靠里侧一些的，太偏外侧容易滑落，而且对丰满胸部的女孩来说，造型上会显得比较松散。此外，厚肩女孩选择肩带时要注意一下织物密度。肩带前段没有弹性的那种，可以更好地拉起乳房，并且不会因穿戴几次后肩带松弛下来而失去强拉力。需要注意的是，厚肩型女孩一般体形比较丰满，选 3/4 或全罩杯加宽肩带的文胸造型效果更好。

（4）斜肩者

斜肩者，俗称美人肩，肩膀弧度较大，肩胛骨不突出。最好选肩带居中的文胸。这种文胸的肩带正好落在前后锁骨交接部位，不易滑落。如果肩带背面有一个塑料的松紧扣，则能加强摩擦，这也非常适合斜肩女性。另外，也可以选择背部肩带呈 U 字的文胸。

4　技能训练

4.1　技能训练实例

实例：聚拢调整型文胸设计

该款名为"巴黎时尚"的聚拢调整型文胸，采用加宽肩带设计，强力提升，有效克服地心引力，预防下垂。下扒位采用传统的加宽设计，稳固性更强，可有效防止文胸移位、上滑，避免造成乳房分段，影响胸部美观。在罩杯的下部采用蕾丝装饰，选用与罩杯撞色的效果，更显迷人魅力。加宽侧比，附加锁脂软骨，可有效调节和改善腋下脂肪分布，防止脂肪回流，达到改善附乳、丰满胸部的良好效果，设计效果图如图 3-63 所示。

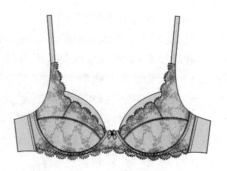

图 3-63　"巴黎时尚"文胸设计图

4.2 技能训练题

（1）试设计一款少女文胸。

（2）试设计一款 1/2 罩杯文胸。

任务四　保暖内衣套装设计

1 任务描述

保暖内衣为针织内衣中的一种，近年来保暖内衣的款式变化日益丰富，趋于时尚化和功能化，该任务详细地描述了保暖内衣套装的款式设计的相关知识点，通过分析各个局部部位的款式变化和设计细节，逐一认知、学习并深入了解，结合技能训练实例，继而学习保暖内衣的整体设计。

2 任务目的

能熟悉和掌握保暖内衣的款式变化及各部位局部结构。

能根据设计要求，运用各种设计手法，设计并绘制出款式新颖、细节丰富的保暖内衣。

3 知识准备

3.1 保暖内衣领型设计

保暖内衣以套衫款式为主，领型按照季节的更替变化主要为无领和立领两种，其中无领型的领口线变化较为丰富。

3.1.1 无领

春秋季的保暖内衣一般多见无领的设计，根据领口线的不同变化，可分为圆领、V 领、方形领、U 形领、心形领等，女款的内衣领口多添加蕾丝花边或使用蕾丝面料拼接，更适应与外衣的搭配（图 3-64）。

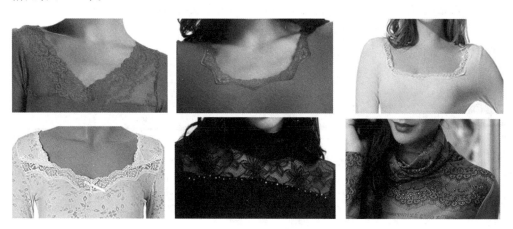

图 3-64　保暖内衣的常见领型

3.1.2　立领

秋冬季的保暖内衣由于保暖需要,多设计为立领,领口包裹领部,起到保暖及装饰作用。立领的设计变化主要在领子的高低及宽窄变化,领口的面料多采用大身面料或罗纹组织,亦可用蕾丝等装饰面料进行拼接或覆盖设计。

3.2　保暖内衣袖型设计

保暖内衣袖型变化较为单一,以普通的装袖袖型较为多见。传统型的装袖袖型,根据人体肩部与手臂的结构进行设计,装袖袖身与袖片分别裁剪,是最符合肩部造型的合体袖型。采用装袖作为内衣的主要袖型,穿着舒适合体,活动不受束缚,非常适宜作为贴身内衣的袖型设计。

保暖内衣的袖口变化主要分为两种,平袖口和收袖口。平袖口的袖口设计较为平整,通常把袖口的面料向内折叠两层或三层,缝合而成,亦可在袖口添加或拼接蕾丝面料;收袖口的袖口设计通常在袖口处添加各类罗纹组织形成,由于罗纹组织的弹性较大,袖口自然呈收缩状态,增加内衣的保暖功能(图3-65)。

图3-65　保暖内衣常袖口设计

3.3　保暖内衣套装裤型设计

保暖内衣套装中的裤型款式设计上,主要有:①高腰型,裤腰线高于肚脐,以便收拢腰际上下的赘肉,产生腰部内凹的优美曲线,适合腰比较粗且腹部松弛的女性;②中腰型,裤腰线位于肚脐,是最普遍的裤型,有绷紧腹部的作用;③低腰型,裤腰线低于肚脐,适合腹部较平坦光滑的女性。

腰口的变化主要可以分为两种:在腰部添加各类罗纹组织,或折边后添加松紧带。裤口的变化与上衣袖口相似,有折边平口和罗纹收口两种,一般与上衣的袖口设计相呼应,如袖口折边后添加蕾丝,则裤口也做同样设计(图3-66和图3-67)。

图3-66　保暖内衣裤口设计

图 3-67　保暖内衣裤腰部设计

3.4　保暖内衣套装细节设计

　　保暖内衣的装饰手法以穿着舒适为设计前提,可以运用蕾丝拼接、烫钻、钉珠、刺绣、褶裥、镂空、滚边、镶条、抽带等设计手法,在内衣的领部、前胸、袖口、下摆、裤口等部位进行点缀装饰,使内衣变得更加美观时尚,甚至可以与外衣进行搭配,适应当下内衣外穿化趋势,实用性更强(图 3-68)。

图 3-68　保暖内衣细节

3.5　保暖内衣套装整体设计

3.5.1　保暖内衣套装面料设计

　　(1)羊毛面料

　　羊毛面料柔软而富有弹性,具有吸湿性强、保暖性好等优点。因羊毛具天然卷曲,可以形成许多不流动的空气区间作为屏障,保暖性好。羊毛有非常好的拉伸性及弹性恢复性,并具有特殊的毛鳞结构以及极好的弯曲性,因此它也有很好的外观保持性。目前保暖羊毛内衣的加工工序已经很成熟,穿着不变形,不缩水。

（2）莫代尔面料

莫代尔面料的光泽性、柔软性、吸湿性、染色性、染色牢度均优于纯棉产品；用它所做成的面料，展示了一种丝面光泽，具有宜人的柔软触摸感觉和悬垂感，以及极好的耐穿性能，是理想的内衣织物面料，有利于人体生理循环和健康。

（3）莱卡面料

莱卡面料与传统弹性面料不同的是它的伸展度可达500%，且能回复原样。就是说，这种面料可以非常轻松地被拉伸，恢复后却可以紧贴在人体表面，对人体的束缚力很小。莱卡面料被广泛运用于保暖内衣面料中，它可以配合任何面料使用，包括羊毛、麻、丝及棉，以增加面料贴身、弹性和宽松自然的特性，活动时倍感灵活。

（4）木棉面料

木棉面料是天然生态纤维中最细、最轻、中空度最高、最保暖的面料材质。具有光洁、抗菌、防蛀、防霉、轻柔、不易缠结、不透水、不导热，生态、保暖、吸湿导湿等优良特性。

木棉保暖内衣是采用木棉面料制成的内衣产品，款式多样。有备受年轻人喜爱的轻薄款木棉保暖内衣，还有保暖效果极佳，尤其适合中老年人穿着的加绒木棉保暖内衣。由于木棉保暖内衣具有质轻、柔软、光滑、鲜艳、抗静电、不易缠结、吸湿导湿、不霉不蛀、常温下耐酸碱、绿色天然环保等特点，受到消费者的青睐。

（5）精梳棉面料

精梳棉面料的强度高、抗皱性及耐热性较好，染色容易，色谱齐全，色泽也比较鲜艳。因此由精梳棉纱制成的保暖内衣面料在质感、耐洗与耐用度都有较高的品质水准，具有手感柔软、穿着舒适、颜色鲜艳等优点。

3.5.2　保暖内衣套装色彩设计

（1）黑色——神秘浪漫

没有任何东西比黑色内衣令人看起来更性感了，黑色的保暖内衣几乎适合所有年龄阶段的人群穿着（图3-69）。

图3-69　色彩绚丽的保暖内衣套装

（2）白色——纯洁恬静

纯洁无瑕、淡雅恬静是白色内衣带来的感觉,简单又平淡的白色或许能为内心找回一份宁静,因此白色内衣通常也会设计得较为简洁、素净。

（3）柔和色系——温馨婉约

柔和色系的色彩以浅色系为主,包括浅淡明亮的色彩和含灰的中性色调,整体感觉素雅柔和、温馨婉约。米白、嫩黄、粉红、玫瑰红、淡绿、淡蓝……柔和色的内衣赋予的是温馨舒畅的感觉,仿佛融入大自然的清新情怀。柔和色内衣通常搭配蕾丝面料,带出温顺的女人味。

（4）鲜艳色系——风情万种

鲜艳色系的色彩饱和度较高,给人以明快靓丽、热情大方的视觉感受,浓郁色彩的保暖内衣较受中老年人的喜爱,穿着后显示出高贵典雅的气质。

3.5.3　保暖内衣套装款式设计

（1）美体保暖内衣套装

保暖内衣套装在普通内衣裤的基础上添加了美化体型的功能,穿着后贴体紧身,可以重修、重塑身体曲线。整件内衣都采用弹性加强材质,根据人体工学,在胸、臀、手臂、大腿等部位采用特殊的编织方法,加强固定,起到丰胸收腹提臀的作用(图3-70)。

图3-70　美体保暖内衣套装

（2）休闲保暖内衣套装

休闲保暖内衣套装款式较为宽松休闲,穿着舒适随意。

（3）抗寒保暖内衣套装

抗寒保暖内衣采用双层面料,内层附加拉绒面料,以增加其御寒性能。如图 3-72 所示,为了更好地展示其内里,图中的模特展示的是内衣反穿的效果,可以是整身添加绒里,或是在背腹部、手肘、膝关节等人体主要关节部位局部添加绒里。这类保暖内衣较适合中老年人或在严寒恶劣的气候条件下穿着(图 3-71 和图 3-72)。

图 3-71　休闲保暖内衣套装

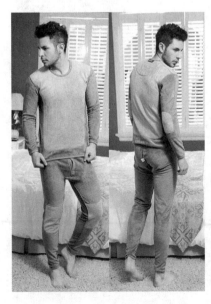 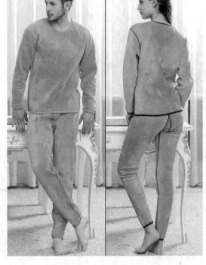

图 3-72　抗寒保暖内衣套装(反穿效果)

4　技能训练

4.1　技能训练实例

以蕾丝为主要设计元素,设计并绘制保暖内衣(图3-73)。

图3-73　蕾丝元素保暖内衣设计图

4.2　技能训练题

以花卉图案为主要设计元素,设计并绘制休闲款保暖内衣。

任务五　内裤设计

1　任务描述

秦汉之前,古人穿衣都是"上衣下裳",直到汉朝始穿开裆裤。现在,作为人们生活中必不可少的衣物,内裤的款式也越来越多样化了。

该任务详细地描述了内裤款式设计的主要知识点。在了解了内裤设计的基础知识之后,对内裤款式进一步展开深入分析,主要通过图片及款式图的展示,掌握内裤各个部位的局部结构的设计手法,以及色彩、图案、面料在整体造型中的运用。

2　任务目的

通过该任务的学习与锻炼,掌握内裤的款式设计及相关知识。

3　知识准备

3.1　内裤的发展

内裤，一般指贴身的下身内衣，分男装与女装两种。而且根据性别不同，款式也越来越多花样了。穿内裤各国各地出现的时间不一。汉代以前，女人下体无衣，到了汉朝才穿上开裆裤。

3.2　内裤的分类与功能

内裤款式的分类有很多方式，按外形可以分为平脚裤、三脚裤、T字裤；按裤腰可以分为低腰裤、中腰裤、高腰裤；按形状可以分为三角形、四角形、五角形；按功能分有普通型内裤、功能型内裤；等等。

3.2.1　丁字形性感内裤

丁字裤有时候被称为比基尼类，一般配搭紧身裤、裙，以避免内裤形状透出，在大腿之间没有阻碍、活动方便，也不会有裤边卡住下臀的苦恼，但如果搭配粗糙的裤裙易因摩擦而造成皮肤粗糙、过敏。

3.2.2　低腰内裤

高度低于8 cm以下，称为低腰。一般较为性感的内裤多为此款式。此款设计一般都是配合时令服饰的；裤头低于肚脐5 cm以下，裤腰宽度窄，或者设计成细带款式的内裤适合搭配低腰裤。

3.2.3　中腰五角裤

五角形内裤的设计重点在于底线的弹性有防止臀部下垂、提升臀线的作用，适合臀部曲线下垂及平板的女性。但要注意的是如果底线部分织物松弛了，那么提升臀部的作用也就达不到了。

3.2.4　高腰三角裤

高度在肚脐或以上者，称为高腰。高腰的设计较为舒适，兼有保暖较果，对臀型的维护也较好。这类型的特色在于裤头的设计，超过肚脐或盖住肚脐，可以包住整个下腰部，让人有安心感而且保暖。

3.2.5　中腰四角裤

高度在肚脐以下8 cm内，一般称为中腰，是一般最常见到的规格与样式，穿着特性与高腰类似。穿起来刚好露出肚脐，感觉上较没有束缚感，运动量大的时候很适合穿，是所有体形都适合的款式。

3.2.6　高腰长裤四角裤

这种款式的内裤和传统的束裤最为相近。希望通过其腹部和臀部立体设计收腹提臀并令过粗的大腿减少松弛感的女孩可选择这一款式。搭配长裤时，臀部和腿部都会自然无痕。

3.2.7　束裤

短束裤有点类似中腰内裤，但因为材质不同，具有少许束缚力；短束裤有点类似高腰型内裤，较具有调整腹部，臀部机能性之高叉设计且具有，较不会凹陷之裤口；无缝束裤较适合搭配麻纱薄类的衣服及紧身款的服饰；高腰短束裤是一种深至股下4~6 cm的典型束裤，对大腿、臀部、腹部提升有较佳效果的款式；长型束裤是一种深至股下17~24 cm的长型束裤，对大腿、臀部、腹部提升有较整体的调整机能功能，对于臀部有下垂现象者有最佳的效果；高腰长束裤普遍在腹部有菱型设计，有收缩胃部突出于小腹的效果。

3.3　内裤的面料设计

（1）全棉

全棉内裤的吸湿性和保暖性较好,质地柔软,但纯棉不容易干,洗后容易变硬,且不易洗净,目前基本被莱卡棉取代。

（2）莱卡棉

莱卡又称氨纶,95% 棉 +5% 莱卡俗称莱卡棉,其面料手感柔软、吸湿性能好、弹力佳。

（3）莫代尔

莫代尔是一种新型高科技绿色环保再生纤维素纤维,其面料悬垂性好、手感柔软舒适,吸收和释放水分速度比一般纯棉高 50%。用莫代尔纤维制作的内裤质地柔软、光泽亮丽、垂感好、超强吸湿、穿着光滑舒适,经多次水洗后仍能保持鲜艳色彩。常用的面料其纤维混纺比是 50% 莫代尔 +45% 棉 +5% 莱卡。

（4）竹纤维

竹纤维横截面布满了大大小小椭圆形的孔隙,可以瞬间吸收并蒸发大量的水分。横截面的天然高度中空,使得竹纤维被业内专家称为"会呼吸的纤维",其吸湿性、放湿性、透气性也位居各大纺织纤维之首。竹纤维天然具有特别卓著的抗菌能力,在 12 小时内竹纤维的杀菌率在 63% ~92.8%。

（5）锦纶

锦纶是一种高品质的锦纶纤维,简称尼龙,其织物柔软舒适、具有良好的吸湿性,可以平衡空气和身体之间的湿度差从而减轻身体的压力,不易变形、抗皱能力显著,具有良好的调整效果。锦纶纤维制成的内裤具有柔软的质地、良好的光泽、清晰的色彩,良好的手感和导湿透气性能,并且轻巧、易保养。

（6）CoolMax 纤维

CoolMax 纤维是杜邦公司研究开发的功能性纤维,设计时融合了先进的降温系统,其表面具有独特的四沟道槽,有良好的排汗导湿性和透气性,被誉为"会呼吸的纤维"。CoolMax 纤维面料不会残留汗臭或者发霉、不变形、不缩水,可机洗或甩干,是运动型内裤的首选面料。

3.4　内裤的规格设计

内裤的号型规格不仅是消费者选购内衣的依据,而且也是设计师在设计内裤时的根本依据。

3.4.1　号型的标注方法

内裤的号型主要以腰围为依据。女款主要以 58 cm、64 cm、70 cm、76 cm、82 cm 等腰围尺寸来表示号型的大小;男款多按照 S、M、L 等字母表示号型的大小(表3-4 与表3-5)。

表 3-4　女装内裤号型

号　型(代号制)	号　型(胸围制)	腰　围(cm)	臀　围(cm)
S	58	55 ~61	78 ~89
M	64	61 ~67	83 ~89
L	70	67 ~73	86 ~96

（续表）

号　型（代号制）	号　型（胸围制）	腰　围（cm）	臀　围（cm）
XL	76	73～79	89～99
XXL	82	79～86	91～103
加大码	90	86～94	94～106
加大码	98	94～102	97～109
加大码	106	102～112	100～112

表3-5　男装内裤号型

号　型（代号制）	身　高（cm）	腰　围（cm）	臀　围（cm）
S	160～170	64～72	80～88
M	165～175	68～76	84～92
L	170～180	72～80	88～96
XL	175～185	76～82	92～100
XXL	180～190	80～88	96～108

一般来说，当成品尺寸小于实际人体尺寸时就形成了虚码——这样就用字母来代替大小码的分档。当然不同的厂家以及不同的地区，都有自己的号型标注习惯，不同的国家之间的差异更加突出。

3.4.2　内裤号型计算方法

① 腰围55～79 cm，以每6 cm来区分一个尺码；
② 腰围78～110 cm，以每8 cm来区分一个尺码；
③ 臀围79～90 cm，以每10 cm来区分一个尺码；
④ 臀围91 cm以上，以每12 cm来区分一个尺码；
⑤ 臀围减腰围在25～28 cm为正常尺码；
⑥ 臀围减腰围小于25 cm小一号；
⑦ 臀围减腰围大于28 cm大一号。

3.4.3　内裤的规格尺寸设计

由于款式、面料、功能的差异，不同款式、不同面辅料的内裤，即便是同一号型，其主要部位的规格也存在着较大的差异。所以，在这里仅仅对于腰围的大小做规格说明。腰围与腹围（中腰围）的尺寸是不相等的，因此，两者成衣腰围尺寸是不相等的。也就是说，高腰款式的腰围尺寸要小于低腰的款式。

需要说明的是，表3-4中的尺寸仅仅是常规的尺寸，随着款式、面料、功能的变化，需要做出相应的调整。束裤的规格由于功能性的原因，尺寸要小一个号；无缝内衣由于弹力较大也可以小一个号；低腰裤相对于高腰裤围度规格尺寸要大一个码处理。

当然，表格中的尺寸并不是一成不变的，不同的厂家有自己标注规格尺寸的规定。但无论规格怎样确定，都要在保证其功能性的前提下，有着相应的舒适度。

一般按标准要求应标注产品号型。有些规格尺寸在我国许多地区沿用了多年，实用性较强,但是有的尺寸与当今人们的生活习惯也有差别,设计时应根据情况进行修改使用(表3-6)。

表3-6   男平角裤类规格   单位:cm

示明规格			裤　长		紧腰围	腰差	直　裆	横　裆	裤　口	裤口边	
代　号	厘　米	英　寸	内	外						罗纹、加边	滚边、折边
2	50	20	23	21	18	2	21	17	15	2.5	2
4	55	22	25	23	19.5	2	22.5	18	16	2.5	2
6	60	24	27	25	21	2	24	19	17	2.5	2
8	65	26	31	28	22	2	28	23	18	2.5	2
10	70	28	33	30	23	2	30	25	19	2.5	2
12	75	30	35	32	24.5	3	32	27	20	3	2.5
S	80	32	41	38	26	3	34	29	22	3	2.5
M	85	34	43	40	27.5	3	36	31	23	3	2.5
L	90	36	45	42	29	3	37	33	24	3	2.5
XL	95	38	47	44	31	3	38	35	25	3	2.5
XXL	100	40	48	45	32	321	39	37	26	3	2.5

阅读材料:世界十大男士内裤品牌

1. Calvin Klein 卡尔文·克莱恩

Calvin Klein 是美国第一大设计师品牌,曾经连续四度获得知名的服装奖项。该品牌一直坚守完美主义,每一件 Calvin Klein 时装都显得非常完美。因为体现了十足的纽约生活方式,Calvin Klein 的服装成为了新一代职业妇女品牌选择中的最爱。卡尔文·克莱恩(Calvin Klein)创始人 Calvin Klein 1942 年出生于美国纽约,1968 年创办 Calvin Klein 公司。他是当之无愧为全美最具知名度的时装设计师。其产品范围除了高档次、高品位的经典之作外,克莱恩同时还是那些以青年人为消费对象的时髦的无性别香水和牛仔服装的倡导者。该品牌包括有 Calvin Klein(高级时装)、CK Calvin Klein(高级成衣)、Calvin Klein Jeans(牛仔)三大品牌,另外还经营休闲装、袜子、内衣、睡衣、泳衣、香水、眼镜、家饰用品等。Klein 产品的重要风格之一就是性感,他的广告常采用裸体人像,旨在创造完美的、艺术化的形象。

2. C-IN2

C-IN2 是由设计师 Gregory Sovell 一手设计出的品牌,干净利落的设计加上新研发的面料,继承 2(x)ist 内敛式的纽约时尚设计剪裁,已成为纽约人最爱的内裤品牌之一。时尚 NoShow 系列更采用最流行的超低腰剪裁(比一般低腰还要低),腰带部位特别
用 UltraPlush 棉增加丝绒般厚实感,创造出超乎想象的时尚及柔顺。C-IN2 logo 部分以独特 3D 效果呈现。

3. D&G 杜嘉班纳

总部位于意大利米兰的杜嘉班纳公司创立于 1985 年,今天已成为在奢侈品领域中最主要的国际集团之一。Domenico Dolce(多梅尼科·多尔切)和 Stefano Gabbana(史蒂法诺·加巴纳)将他们的姓氏缔造成以魅力和多元化而著称世界的品牌。两位设计师同时也是一对高品位的同性恋人,将他们感性而独特的风格演绎并推行到全球,并深受好莱坞明星的青睐,现为当今所有摇滚乐歌星设计服装,并获选为无可争议的设计先锋人物。他们是麦当娜、莫尼卡·贝鲁奇、伊莎贝拉·罗塞利尼、凯莉·米洛、维多利亚·贝克汉姆、安吉丽娜·朱莉的指定设计师。集团设计、生产和销售 Dolce & Gabbana 品牌的高档服装、皮革制品、鞋类和配件。

4. Bench—Body 奔趣

Bench—Body 奔趣,一个年轻、时尚、运动的情侣内衣品牌正一步步走向世界。这个从原料到裁剪到制作,100%的菲律宾时尚尤物,是南亚特有光照气候培育出菲律宾棉花和世界内衣潮流完美杰作,自 1987 年由于品牌的不断拓展与积淀,已完成全球化的扩张,从上海的来福士广场到香港的铜锣湾,从台湾的基隆到日本的东京,再到意大利的都灵和伦敦的特拉法加广场,我们都能看到 Bench-body 特有的舒适与休闲的惬意,Bench-body 已成为内衣经典热烈、奢华之后返朴归真的时尚休闲选择。

5. Schiesser 舒雅

Schiesser 堪称"内衣界的宝马",在创立 129 年后的今天依然马不停蹄,以行业权威的地位首创全新功能运动内衣系列,为热爱运动的人士提供专业、舒适的贴身衣物。经过 250 名运动员亲身试穿,经过严格的强度测试,"舒雅"运动系列显示出极高的实用性能——轻便、贴身灵活、舒适透气是此系列最突出的性能。"舒雅"运动内衣系列成就了创新力和百年经验的完美结合,以品质保证用户自信的每一次运动体验。秋冬季新装不仅有百年保证的杰出品质,更有时髦、简洁、自信的设计风格。新一季的舒雅男装时髦而优雅,主题系列提供了三角裤、平脚裤、休闲家居服及冬季时尚贴身内衣等丰富款式,简直专为品位男十量体裁衣。前沿的时尚潮流、精妙的设计细节、最新的纤维面料……再一次富扬了舒雅的独创威力和时代精神。

6. JOCKEY

125 年以来,JOCKEY 作为世界知名内衣品牌,始终贯彻质量、创新和时尚。早在 19 世纪 70 年代,退休神父赛缪尔·T. 古柏(Samuel T. Cooper)发现明尼苏达伐木工人穿的羊毛袜子质地很差,由此激发他在 1876 年开设了自己的制袜

公司。随后,这家公司发明了一种称为"The Brief"的男式内衣,称之为 JOCKEY。一年又一年,这家公司陆续推出不同款式和颜色的男式内衣,成为时尚男士的宠儿。该品牌成功占领男式内衣市场后,在 1982 年又推出"JOCKEY 女性"系列内衣。销量超乎预想,JOCKEY 的全棉裤子成为女性消费者心中质量、合身和优雅的标志。JOCKEY 沿袭一贯的高标准,紧跟着推出包

括女式针织用品、睡衣和居家服在内的全套系列产品。今天,JOCKEY 是美国销量第一的内衣品牌。

7. Versace 范思哲

Versace 创始人詹尼·范思哲(Gianni Versace)1946 年 12 月 2 日出生于意大利的雷焦卡拉布里亚。先学习建筑,后学裁缝、设计,1978 年创立自己的公司,于 1989 年开设"Atelier Versace"高级时装店并打入法国巴黎时装界,1997 年在美国遭枪击身亡。Versace 除时装外还经营香水、眼镜、丝巾、领带、内衣、包袋、皮件、床单、台布、瓷器、玻璃器皿、羽绒制品、家具产品等,他的时尚产品已渗透到了生活的每个领域。Versace 代表着一个品牌家族,一个时尚帝国。它的设计风格鲜明,是独特的美感极强的先锋艺术的象征。其中魅力独具的是那些展示充满文艺复兴时期特色的华丽的具有丰富想象力的款式。这些款式性感漂亮,女性味十足,色彩鲜艳,既有歌剧式的超平现实的华丽,又能充分考虑穿着舒适性及恰当地显示体型。其服装远没有看起来那么硬挺前卫,以金属物品及闪光物装饰的女裤、皮革女装创造了一种介于女斗士与女妖之间的女性形象。绣花金属网眼结构织造是一种迪考(Deco)艺术的再现。黑白条子的变化应用让人回想 19 世纪 20 年代风格。丰富多样的包缠则使人联想起设计师维奥尼及北非风情。斜裁是 Versace 设计最有力最宝贵的属性,宝石般的色彩,流畅的线条,通过斜裁而产生的不对称领有着无穷的魅力。采用高贵豪华的面料,借助斜裁方式,在生硬的几何线条与柔和的身体曲线间巧妙过渡。在男装上,以皮革缠绕成衣,创造一种大胆、雄伟甚而有点放荡的廓型,而在尺寸上则略有宽松而感觉舒适,仍然使用斜及不对称的技巧。宽肩膀,微妙的细部处理暗示着某种科学幻想,人们称其是未来派设计。线条对于 Versace 服装是非常重要的,套装、裙子、大衣等都以线条为标志,性感地表达女性的身体。

8. 三枪

上海三枪集团,是以生产三枪内衣著称的品牌集团,成立于 1994 年。主要生产三枪牌高档内衣系列产品,形成以棉、麻、丝、毛、混纺、化纤等为主要原料的织造、染整、服装加工一条龙配套生产体系。从 1994 年以来在国内市场年销售量及市场占有率连续五年名列全国针织行业第一,产品远销世界七十多个国家和地区。1999 年"三枪"商标经国家工商行政管理局商标局认定为驰名商标,是全国内衣市场众多品牌中唯一的一家;同年,又被列入国家外经贸部首批 33 个"重点支持和发展的名牌出口商品"品牌之一。每年在众多的新产品中,推出一直引起社会轰动的新产品:柔暖棉毛衫裤系列、全棉凉爽麻纱内衣系列、薄型羊毛内衣系列、牛奶丝内衣系列、少儿内衣系列、三枪 T 恤系列、柔棉莱卡内衣系列等等。适应男女老少,满足春夏秋冬,风行东西南北,是消费者的"贴心伴侣"。

9. 健将

作为被众多男性所认识的内衣裤品牌,"健将"融合了中国男性稳健和充满活力的特质,优雅、时尚、活力、动感是"健将"的精神体现。贴近国际潮流,不断提升生活品位,做中国最知名的内裤品牌是"健将"的不懈追求,面料以弹力面料为主,更贴紧肌肤,突显男性阳刚本色,而无束缚感。深蓝与黑白色系,简洁的拼色和时尚高雅的印花,体现男性成熟与果断的性格,散

发恒久魅力。

4   技能训练

4.1   技能训练实例

例:无痕抗菌透气蕾丝拼接女士内裤的设计

该款内裤整体采用拼接设计,中间的小小蝴蝶结优雅浪漫,拼接处采用睫毛蕾丝,似乐曲中片片变奏,轻轻拨动心扉。

采用泡泡网状纱拼接,柔美浪漫,更具立体美感,层层褶皱就像根根笙管,吹奏出美妙的音乐(图3-74)。

4.2   技能训练题

搜集内裤设计的相关资料,提取有用的素材,进行内裤设计。

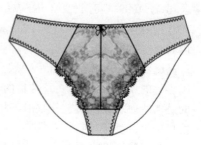

图3-74   三角裤设计图

任务六   家居服设计

1   任务描述

家居服是我国纺织服装产业近年发展节奏最快的一个新兴门类,随着社会消费理念的提升,家居服正逐步成为人们居家生活的消费品。摆脱了纯粹睡衣概念的家居服,随着社会需要的变化其款式也在不断的更新和发展。与传统睡衣、内衣不同,家居服更多的是一个概念型产品,是一种生活方式的载体,一种温馨、时尚、轻松、舒适加文化的象征,承载着人们对高品质家居生活的追求。不但包括传统的、穿着于卧室的睡衣和浴袍、性感吊带裙,还有"出得厅堂"体面会客的家居装,也包括"入得厨房"的工作装,以及可以出户到小区散步的休闲装等。

2   任务目的

通过该任务的学习与锻炼,掌握家居服的基本概念与发展过程,掌握分类与选择等相关知识,能够进行命题家居服的设计。

3   知识准备

3.1   家居服的发展

说到家居服,不得不提到睡衣。家居服从睡衣转化而来,但是家居服早已摆脱了纯粹睡衣的概念。从16世纪欧洲人穿上睡袍以来,睡衣随时代变化也不停地改变着形象,卧室着装也向着新的款式发展,发生了根本性的变化。

从20世纪90年代开始,睡衣市场扩大到包括人们回家穿什么的范畴,在这种情况下,睡衣的概念逐渐转化为家居服的概念。除了时装,人们还非常在意自己在家里穿什么,家居服早已超越了仅仅是为了穿用的基本需求。

　　国内的家居服概念是西方舶来品。在未开放的年代,人们几乎没有专门睡衣、家居服的概念。随着改革开放的深入,20世纪80年代初,国内出现了专门的睡衣企业,各式各样独立的睡衣服装逐渐被人们所接受认同。短短20年,中国的经济发生了巨大变化,人们的消费能力大大提升,生活状态和穿着意识也有了飞跃的发展。90年代初,"哈韩"文化在中国的萌芽开始了服装细节的"哈韩"时代。2007年中国家居服行业发展的"总舵手"——中国纺织商业协会家居服专业委员会在第89届中国针棉织品交易会上成立,标志着中国的家居服行业向着品牌化的方向发展。2008年3月22日,中国纺织品商业协会家居服专业委员会理事会通过把每年的9月15日定为"家居服节",呼吁广大消费者关爱家庭、关爱自己。在首次"中国十大家居服品牌"的评选中,凯迪新世家族、姬玛、秋鹿、芬腾、睦隆世家、可可儿、多拉美、达尔丽、汝斯芬、棉花堡、美标成为获奖者。

3.2　家居服的款式与分类

　　家居服应其穿着场合和功能,大致可分为如下几类。

3.2.1　室内装

　　人们回家后换上的适合起居室、厨房劳作、会见亲朋、吃饭、同孩子嬉戏等居家生活的轻松服装。这类服装首要条件是宽松、舒适、款式大方,一般以棉质为主,棉布柔软吸汗,对皮肤无刺激,是对人体最健康的;且棉质织物具有一定的挺度,不至于太过贴身而凸显人体线条,即使在亲朋好友面前也不致于太过唐突。款式上一般倾向于简单大方,常见有经典的翻领双袋套装。年轻的小翻领单袋套装,浪漫的无领套装,以及各类膝裙、长袍等(图3-75)。

图3-75　室内家居服

　　室内装一般不宜太暴露或太透明,同时因贴身穿着时间长,面料宜选择天然纤维,如棉、亚麻、丝质等,尽量不要选择化纤类,如尼龙、涤纶以及混合化纤的TC料,以免皮肤过敏、起静电或排汗吸湿不佳导致不适。

3.2.2　浴袍

　　淋浴后用毛巾略略拭干身体水珠后即直接披裹上的宽大袍子,腰带一绑即可自由活动。由于身体上尚有水份湿气,故通常采用全棉拉毛的毛巾布制成,凸起毛粒不仅令身体触感更温暖柔软,而且能快速有效地吸收皮肤上残留的水汽。浴袍一般款式简单,式样视季节分为常用的长袖长袍和夏季用的中袖短袍。花样一般分为净色、印花和毛巾提花,多数在毛巾布织造上区分产品档次。当然,棉纱纱质越好,毛巾布越厚实、提花越精细的越是佳品(图3-76)。

图3-76 浴袍

3.2.3 睡衣

睡衣的概念可以用缩小至睡房的范畴来解释,即适合在睡房(主人房或闺房)内及床上的穿着。睡衣属于私密性衣物,通常是非常浪漫、唯美的,面料主要是轻薄柔软的薄纱、丝缎、雪纺以及最新研发的超细纤维等,常常采用大量精美绝伦的喱士、花边、刺绣,款式娇俏性感或长而飘逸,花色或冶艳华丽、或柔粉纱曼,总之将女性的妩媚感性表露无遗(图3-77)。

图3-77 睡衣

　　这类睡衣在欧美已有近百年的历史,而在国内被推广还是近十年的事,但已越来越被女性所喜爱,并且由于全球着装年轻化的趋势,更被演绎成与内衣文胸配套的更娇小俏丽的款式,成为年轻女孩的新宠,我们可以叫它做小夜衣。

3.2.4　休闲装

　　随着20世纪90年代国际流行的健身时尚、健美操、舍宾、瑜伽等运动方兴未艾,并对日常生活情态产生巨大的反响,新一代的运动休闲装风行起来(图3-78)。

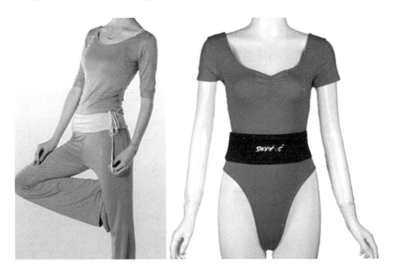

图3-78　瑜伽服和舍宾服

图3-79　家庭装休闲服

　　随着人们生活品质的显著提升,人们有更多的时间、更多的方式享受自己的居家生活,新的生活状态呼唤,新的家居文化。这时候,新的家居休闲服恰好满足了人们的这种需求,它有别于以往的专业运动装,并不刻意强调运动的功能,而保留了轻盈、灵便、贴体的精髓,在款式、配色方面更加强了时尚性和性别魅力。此类休闲服通常设计为情侣装,或父子装、母女装,非常适合两人世界、三口之家或大家族的亲密的家庭氛围,不仅适合家庭起居,还可随时步出阳台淋花、休息,走出小区散步、遛狗;还可穿去晨运、锻炼。穿上系列设计的休闲服,一边享受健康的生活,一边体验融融的亲情。不难想象,家居休闲装会被越来越多喜爱健康时尚的家居生活的人们所推崇(图3-79)。

3.3　家居服的面料设计

3.3.1　春夏季面料

（1）针织类

① 32 支单面精梳棉：100% 棉，手感柔软舒适，着重体现吸汗透气及面料的垂坠感。精梳棉——以精梳机去除棉纤维中较短的纤维（约 1 cm 以下），而留下较长且整齐的纤维。精梳棉纺出的纱较细而且品质较好。

② 天然彩棉：最新研究成果表明，彩棉纤维呈弱酸性，与人的皮肤的弱酸性相吻合，因此对人体皮肤有保健护肤功能，经常穿彩棉服装，可以起到舒适止痒、亲和皮肤的作用。

③ 32 支单面提花布：以复杂的提花工艺表现多样的面料外观，突显档次、美观、舒适，着重图案的立体效果，融合经典传统与时髦前卫，透露不凡品质。

④ 针织烧花：运用特殊化学腐蚀工艺使面料中的部分成分溶解，形成独特的镂空图案，提高面料档次。

⑤ 32 支棉＋莱卡布：在针织面料中加入莱卡成分，增强弹性力度，使面料不易变形，且褶皱可轻易地自动恢复，同时改善了织物的手感、悬垂性，提高舒适感与合身度，使家居服显现新的活力。

⑥ 32 支色织条：棉纤维在编织前就进行过活性印染，花型和纹路经不同颜色的纤维编织而成，工艺较高。色彩鲜艳夺目，加入莱卡，伸展自如，随身而动，充满运动休闲感，宽条纹比细条纹工艺更复杂。

⑦ 莫代尔：天然木浆纤维，柔软、顺滑，充分呵护肌肤，比棉和真丝吸湿透气性能更好，使肌肤享受前所未有的舒适感觉，号称"人的第二皮肤"。国际先进的丝光烧毛工艺，使针织面料鲜艳亮丽呈现真丝光泽，染色度深而不褪色，轻柔滑爽，表面光洁细腻，不会起毛，垂坠感强，成本高出普通针织面料30%。

（2）梭织

① 平纹丝光烧毛(32 支、40 支、60 支)：以棉为原料，经精纺制成高织纱，再经丝光、烧毛等特殊工序，制成光洁亮丽、柔软抗皱的高品质丝光纱线。面料保留了原棉优良的天然特性，并具有丝般光泽，织物手感柔软，吸湿透气，弹性与垂感颇佳；花色丰富，穿着舒适随意。支数越高面料越精细、轻薄、柔软。

② 色织格：棉纤维在编织前就进行过活性印染，花型和纹路经不同颜色的纤维编织而成，工艺较高。色彩鲜艳夺目，纹理清晰，面料柔软舒适。

③ 梭织提花布：运用提花构成独特的面料肌理，表达与众不同的高贵。因织造过程复杂，成本增加，是品牌价值的体现。

④ 贡缎：用缎纹组织织成的高档棉织品，密度更高，所以织物更加厚实；质地柔软，纹理细致，布面平滑细腻，富有光泽，更亲和肌肤，堪称梭织面料中的上乘佳品。

⑤ 32 支平纹弹力布：加入莱卡，在保持挺括外观的前提下，增强舒适度，既合身又舒服，运用在裤装，更加灵动自如。

⑥ 泡泡布：经过特殊高温处理，面料膨胀产生泡泡的肌理变化，产生趣味性的视觉效果，能减少与皮肤的接触面，更清爽透气，舒适感强。

⑦ 腐蚀印花布：面料采用两种纤维混合，如棉＋涤纶，通过化学剂腐蚀，产生不同程度的凹

凸花纹,其高档不凡的品质,成为特色鲜明的新型面料。

⑧ 法国梭织罗纹:褶皱与细纹处理赋予梭织面料细致的美感,防皱,易于打理,有自然弹性,简约自然,恬适闲雅。

⑨ 平纹绉布:选用棉织机制平纹布,经过起皱与印花工艺深加工而成,使布面形成立体的杨柳状绉纹,视觉清新自然,接触皮肤面积小,吸湿透气性特佳,是时尚又实用的家居服面料。

（3）丝绸

桑蚕丝被称为"纤维皇后",由蛋白纤维组成,含有氨基酸,有营养皮肤的功效。表面光滑细腻,对人体的摩擦刺激系数在各类纤维中是最低的。绝佳的舒适感,体贴而又安全地呵护肌肤。在正常气温下,它可以帮助皮肤保有一定的水分,不使皮肤过于干燥;在夏季穿着,又可将人体排出的汗水及热量迅速散发,使人感到凉爽无比;同时,具有抗紫外线的功能。

① 真丝素缎:最常用的真丝面料,没有表面结构的变化,以珍珠光泽和多彩的图案设计表现华贵质感。

② 真丝提花:精致巧妙的各种提花工艺,增添了面料的肌理美感,在纯净色调的映衬下,更显示出丝绸的不凡品味。

③ 真丝乔其:半透明感的真丝,轻盈纤细,善于营造飘逸的视觉效果。

④ 烂花绡:运用腐蚀工艺使真丝面料形成部分透明的状态,图案艳丽,柔美轻盈,制作裙装易于表现性感之美。

⑤ 仿真丝:先进的织法使仿丝的视觉效果与真丝无异,耐穿耐洗易打理,色彩丰润,高贵优雅,面料工艺包括纯色、印花、提花系列。

⑥ 雪纺:轻、薄、透的质感,与真丝乔其有异曲同工之妙,打理更方便。

3.3.2　秋冬面料

（1）针织

① 32支双面针织棉:100% 精梳棉,表面和底面的织法与布纹一样,比普通针织布幼滑吸汗,富弹性及坚牢耐磨,花型美观,色泽鲜艳,缩水率小,易洗快干。

② 单面针织卫衣布:表面采用平纹织法,底面组织像鱼鳞片一样呈环绕状,可以很好的与运动后的皮肤接触,吸走汗水与闷湿,透气性好,适合秋冬季喜爱运动的人士,穿着柔软舒适,保暖性好,染色性能好,色泽鲜艳,耐碱性强,耐洗耐热。

③ 法国针织罗纹:纹理清晰,质感轻柔,温和而中性,兼具良好保暖性能。

（2）梭织

① 斜纹梭织布:经纱数多于纬纱数三倍,形成特殊的布纹,令斜纹的立体感强烈,纹理细密且厚实,耐磨耐用,光泽较佳,挺括,多应用在裤装与夹棉外套。

② 梭织磨毛色织格:多种色纱织成,布身经抓毛后剪去表层呈起毛效果,如同绒面,增强柔软舒适度,垂坠感更强,保暖性能很好,多用于外套,可机洗。具有不脱色、色彩变化繁多的优点,磨毛之后运用高级的定型工艺增强面料的保型性,织造复杂,费时较长,成本较高。

（3）绒类

① 剪绒:色彩鲜艳、质地柔软、悬垂挺括、滑爽舒适,柔和的珍珠光泽倍显高贵,是经典的秋冬面料,有很高的市场认可度。

② 珊瑚绒（提花、烫金）:由于纤维间密度较高,呈珊瑚状,覆盖性好,犹如活珊瑚般轻软的

体态,色彩斑斓,故称之为珊瑚绒。单丝纤维细,弯曲程度小,具有杰出的柔软性。纤维有较大的蓬松效果,因而具有良好的保暖效应和透气性。吸水性能出色,是全棉产品的三倍。手感细腻,不掉毛,不起球,不掉色。对皮肤无任何刺激,不过敏。外形美观,色泽艳丽雅致。今季最新的提花珊瑚绒采用复杂的提花工艺,花型具有立体感,色彩鲜明,手感顺滑,时尚个性。

③ 钻石绒:质地柔软而富有弹性,手感细腻滑爽,面料本身的光泽感如钻石般闪烁。耐磨强度高,保暖性好,不易起皱。风格新颖别致,是理想的高贵服装面料。

④ 灯芯绒:割纬起绒、表面形成纵向绒条的棉织物。因绒条像一条条灯草芯,所以称为灯芯绒。质地厚实,耐磨耐用,保暖性好。今年选用的是纹理更加精细的布绒,表面呈毛状,让人有回归童年的温馨与暖意。

⑤ 超柔绒:无可比拟的顺滑手感,天然质地,高光泽度,轻柔细软,是家居服面料的上乘佳品,可以做成不同工艺的效果,是最新推出的特色冬季面料。

⑥ 毛巾布:春夏季的毛巾面料着重吸水性及透气性能,舒适耐用。毛巾布以优质棉纱织造而成,经久耐用,吸水性非常高,色泽鲜艳,观感及手感极为柔软亲肤,针织毛巾富有弹性、手感细腻;梭织毛巾厚实温暖,突显档次,是品位人士的首选佳品。

3.4　家居服色彩风格设计

家居服是在家庭生活环境中从事家务劳动、起居休息等户内活动时穿着的便装。主要有睡衣、睡袍、浴衣以及从事家务劳动的专用服装。在追求高质量生活的今天,家居服的设计越来越受到人们的关注。

家居服的整体风格应符合温馨的家庭生活,家居服的外形一般以长方形为主,局部变化应比较简洁,可以用收细褶、滚边做装饰。不同年龄、不同性别的人所穿着的家居服在款式上的变化也不大。甚至在一个家庭里,母亲与女儿、父亲与儿子的家居服除大小不同外,其他外观造型是完全一样的。这样的设计能给人亲切、随和的感觉(图3-80)。

图3-80　情侣款家居服

家居服的色彩不宜过分艳丽,色彩之间的对比也不宜太强。家居服中常见的色彩为中性或中性偏暖的灰色。柔和、淡雅的粉红色更能增添家庭生活的温馨之感。

家居服的图案不宜太怪诞,小碎花、小方格、细条纹和可爱的卡通图案都有利于烘托安宁、平静的整体风格。

　　家居服的结构要合理宽松,可以方便人体活动,但服装过于宽松有时也会给人的活动带来不便,设计家居服要掌握适当的宽松度。居家专用劳动服有频繁穿脱的需要,门襟和开口都不要太复杂,可使用简便的拌带和魔术贴来解决衣服的开合。具有实用性的口袋在家居服中也是不能缺少的。

4　技能训练

4.1　技能训练实例

实例:试设计一款春夏季节穿着的女式睡衣。

　　该款睡衣采用睡衣+睡袍两件套的组合,为体现女性柔美浪漫的情怀,采用仿真丝雪纺面料,睡衣和睡袍的胸前分别采用"手工刺绣+手工串珠"进行点缀。吊带睡衣的肩带可调整,罩杯采用薄棉杯,并选用立体小杯来体现衣服的性感。睡袍采用唯美浪漫的蝴蝶袖,让整件衣服飘然若仙(图3-81)。

　　规格尺寸设计(表3-7):

表3-7　规格尺寸设计表

号型	下胸围(cm)	胸围(cm)	长度(cm)
S	66~85	90~95	70
M	70~90	95~100	72
L	74~95	100~105	74
XL	78~100	105~115	76

图3-81　款式设计图

4.2　技能训练题

　　以"时尚家居新生活"为主题进行家居服设计。

主题释义:时尚化,是家居服不可阻挡的发展趋势。时尚家居服悄然改变着人们的生活。新的生活方式也在不断引发家居服的发展与变革。作品要求在创新现代设计理念的同时,又能很好地把对放松与自由的家居文化生活的独特理解融入其中,展现家居服的独有魅力,唤起人们对充满文化品位的家居生活方式的向往,对创意舒适品质生活的渴望,引起更多人对家居服的关注和共鸣。

作品要求:

① 以男女家居服、睡衣为主,设计手法不限。

② 作品须系列化设计,每个系列服装不得少于4件套(一般为4~6件套);服装须配饰完整,包括鞋帽等所有配件。

③ 作品要有丰富的想象力和创造力,符合国际流行趋势及设计主题,在面料选择和表现手法上力求创新;作品实现手段力求简洁,整体视觉效果完美,具有引领家居服潮流发展的流行价值。

任务七 泳 装 设 计

1 任务描述

泳装是针织服装的种类之一,该任务逐一分析了泳装各个部位的局部结构和设计细节,结合图片讲解认知。具体描述了泳装款式、面料、色彩方面的相关知识点,并结合技能训练实例,对泳装整体款式设计加以深入了解。

2 任务目的

能熟悉泳装各主要部位的局部结构特点,掌握相关设计要素。

能综合运用各种设计手法,展开联想,设计出新颖的泳装款式。

3 知识准备

3.1 泳装领线设计

3.1.1 圆领口、U形领口

圆形、U形领口线的泳装呈背心式外形,款式朴素大方,较为常见,适应人群较广,专业用的竞技泳装多用此领口线设计。

3.1.2 V字领口

领口线呈V字形造型,可调节脸型,使脖子显得修长(图3-82)。

图3-82 V领泳衣

3.1.3　斜领口

斜领口线的泳装呈单肩设计,不对称的领型给人以时尚新颖的感觉,有着另类的美感(图3-83)。

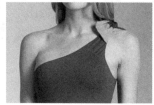

图 3-83　斜领口泳衣

3.1.4　挂脖式领口

挂脖式领口是指面料挂在脖子上形成的领口,也可以设计成在脖子后方打结的形式。这类泳装比较年轻活泼,充满动感(图3-84)。

图 3-84　挂脖式泳衣

3.2　泳装背部设计

泳装的背部多见露背的设计,显示出泳装的活力与动感,系带、镂空设计常用于背部设计中,有些泳装的设计亮点完全在背部的镂空及系带的交错设计,因此泳装的背部也是设计细节较为丰富的部位(图3-85)。

图 3-85　泳装背部设计

3.3　泳装裤口设计

3.3.1　平裤口

　　泳装裤口线与地面齐平,底边固定在臀肌下方,对臀部有特别好的包容性,款式较为保守,能遮盖住大腿根部,起到一定的掩饰身材的作用。

3.3.2　三角裤口

　　泳装裤口呈斜边,类似三角裤样式,斜边根据设计意图可高可低,款式较为活泼开放,在视觉上起到拉伸腿部线条的作用。比基尼泳裤通常都采用三角裤口(图 3-86)。

图 3-86　泳装裤口设计

3.4　泳装细节设计

3.4.1　荷叶边、蝴蝶结

众所周知,荷叶边与蝴蝶结代表着甜美与可爱,运用在泳装上亦是如此,层层叠叠的装饰,搭配上粉嫩的色彩,青春与活力跃然而出(图3-87)。

图3-87　荷叶边装饰泳衣

3.4.2　流苏

流苏也许是历史最悠久、应用最广泛的元素之一,甚得各个时代的设计师喜爱。它把帝王冠冕上的"流苏延"气派延伸至服饰、家居装潢等不同领域中。用于泳装之上,除了气场,便是那隐约里的"无限春光"(图3-88)。

图3-88　泳衣各部位的流苏装饰

3.4.3　绑带

由束身胸衣受到的启发,设计师们把"捆绑"的概念导入泳装,设计出一件件风味独特的作品。在泳装的前后部位都可以有交叉捆绑的独特设计(图3-89)。

图3-89　绑带设计的泳衣

3.4.4　立体装饰

花簇的堆砌,加以亮钻元素点缀,或者运用巧妙的层叠装饰营造出美人鱼尾上的鳞片效果。立体的装饰使泳装的造型更加丰满且具有层次感(图3-90)。

图3-90　泳衣中的立体花装饰效果

3.4.5 装饰扣件

在泳装的衣片连接处,巧妙地运用圆环或扣袢等辅料,实用与美观并存,其质地可以是金属的、塑料的、木质的等,适当的镂空也增添了性感的细节(图3-91)。

图3-91 泳衣中的装饰扣件设计

3.5 泳装整体设计

3.5.1 泳装面料设计

杜邦莱卡、锦纶、涤纶是目前泳装类最常使用的材质,新的泳装很多都会加上抗紫外线、抗氯或泼水处理等特殊加工。

① 杜邦莱卡:是一种人造弹性纤维,弹性最佳面料,可延伸到原长度的4~6倍,伸展度极佳,适合跟各种纤维混纺,可强化质地垂坠、防皱等优点。含抗氯成分的杜邦莱卡,将使泳装拥有比普通材质的泳衣更长的使用寿命。

② 锦纶面料:质地虽不如莱卡面料扎实,但弹性柔软度已与莱卡不相上下。目前为泳装最常使用的面料,适用于中等价位的产品。

③ 涤纶面料:为单向、二方伸展的弹性面料。因弹力受限,大多使用在泳裤或女泳分体二截式,不适用于连身款型。涤纶面料是可部分剪接或低单价策略应用的面料。

3.5.2 泳装色彩设计

深色以黑、藏青蓝为主,使用在男裤部分居多,搭配鲜艳配色仍可突显泳装的特色与亮度。女泳装采用的色彩则需与潮流结合,由于泳装年轻化趋势,目前使用的色泽以高明度色系为主。高明度的粉嫩色彩,如柔粉、水蓝,甚至无纯度的白都被大量的应用。此外,饱和度较高的运动型色彩,如亮橙和宝蓝等鲜艳色泽在泳装的应用上仍不可缺少。

3.5.3 泳装款式设计

(1)连体泳衣(一件式)

连体泳衣是最保险、最古典的泳装打扮,对于害羞的女士是极佳的选择。

(2)分体泳衣(两件式)

两件式指上衣和裤分开的套装,有比基尼式和一般两件式,比基尼式又称三点式,其特点是用料非常少。无可否认,三点式的泳装是最吸引人目光的,如果你拥有骄人的身材和绝对的自信,这种款式的泳装可以是第一选择。

4 技能训练

4.1 技能训练实例

以图案为主要设计元素,设计并绘制泳衣。

(1)图案收集:此款图案为近期较为流行的水波纹抽象图案,图案的色彩丰富,造型流畅有动感,很适合作为泳装图案(图 3-92)。

图 3-92　泳衣图案

(2)款式设计并绘制(图 3-93)。

图 3-93　泳衣款式设计图

4.2 技能训练题

设计并绘制一套分体式泳衣。

任务八　卫　衣　设　计

1　任务描述

在春秋季节,卫衣是首选,同时卫衣也是休闲类服饰中很受欢迎的服饰。卫衣能兼顾时尚性与功能性。由于融合舒适与时尚,卫衣成了各年龄段运动者的首选装备。卫衣的涂鸦设计彰显了年轻的个性,舒适的穿着是休闲运动的最佳装备。而且卫衣配搭简单,运动裤、牛仔裤,还是裙子都可以搭出轻松的时尚感。

充分发挥卫衣的时尚性和功能性,掌握随性卫衣的时尚简易搭配法。选择一件好的卫衣,最重要的是面料的选择,如果面料选择不好,那么很容易失去卫衣的功能性。

2　任务目的

通过该任务的学习与锻炼,掌握卫衣的概念、起源,了解卫衣的特点和款式,能进行卫衣的色彩搭配和面料选择,能够根据设计主题进行系列卫衣的设计。

3　知识准备

3.1　关于卫衣

3.1.1　什么是卫衣

卫衣来于英文 sweater 的说法,就是厚的针织运动衣服、长袖运动休闲衫,料子一般比普通的长袖要厚。袖口紧缩有弹性,衣服下边和袖口的料子是一样的。

3.1.2　卫衣的起源与发展

"卫衣"诞生于 20 世纪 30 年代的纽约,当时是为冷库工作者生产的工装。但由于卫衣舒适温暖的特质逐渐受到运动员的青睐,不久又风靡于橄榄球员女友和音乐明星中。卫衣兼顾时尚性与功能性,融合了舒适与时尚,成为年轻人街头运动的首选。

随着 70 年代 Hip-Hop 文化的兴起,卫衣成了亚文化叛逆的象征,也成为 90 年代末流行文化中不可抵挡的一股力量。Tommy Hilfiger 和 Ralph Lauren 等设计师开始在自己品牌中推出印有大学 Logo 的卫衣产品,继而 Gucci 和 Versace 这些高端品牌也将卫衣加入产品线。如今,卫衣叛逆的气质渐渐消磨,几乎所有的品牌都推出了不同款式、图案的卫衣,卫衣发展到现在已经与时尚紧密联系。

走在时尚最前端的潮人们对卫衣更是情有独钟,逐渐地,时尚界又刮起了卫衣的风潮。许多港台男明星就非常喜欢卫衣,无论是公开场合还是私下,总是以卫衣装扮示人。如外形一向很痞气的香港歌手陈小春总是一副嘻哈装扮,除了肥大的滑板裤、限量版的波鞋和棒球帽外,卫衣自然是不可或缺的;向来标榜自己严重"哈日"的台湾主持人兼歌手罗志祥,卫衣也是其"秘密武器",无论是在其演唱会上,还是私下参加圈内好友的派对,也总是穿着很"潮"的卫衣,并吸引了大量粉丝争相模仿。而最"潮"的艺人当属陈冠希,他因为自己偏爱卫衣而自创了品牌 CLOT 专门经营卫衣及波鞋,并亲自参与服装的设计、用料等各个环节,在亚洲多个城市均开设了专卖店。

3.2　卫衣的特点与款式

（1）日韩流风款式

日韩流风卫衣中当以李孝利卫衣为主导，以双卫衣面料为主，在淘宝、易趣、拍拍等购物网站有大量的李孝利款卫衣。该款式的衣服为长款、带帽，适合温度较低、略有风的地方外出穿着（图3-94）。

图3-94　李孝利款卫衣

（2）运动休闲款式

随着生活水平的提高，人们热衷于健康的生活方式，对运动的崇尚也越来越多。耐克、阿迪达斯、POLO、彪马、美津浓、锐宝、李宁等运动品牌都可以看到大量卫衣款式的影子（图3-95）。

图3-95　运动卫衣

（3）女式卫衣

女式卫衣款式有套头、开胸衫、修身、长衫、短衫、无袖衫等。主要以时尚舒适为主,多为休闲风格(图3-96)。

图3-96　女式卫衣

（4）男式卫衣

男式卫衣款式有套头、开胸衫、长衫、短衫等。主要以时尚舒适、商务休闲、运动休闲风格。卫衣只作为日常休闲服饰,不作为男式正装(图3-97)。

图3-97　男式卫衣

3.3　卫衣的面料设计

卫衣布是广东、香港地区的叫法,一般都是毛圈布,而编织毛圈布的纬编组织一般都使用衬垫组织,衬垫组织又称起绒组织或夹入组织,是在编织线圈的同时,将一根或几根衬垫纱线按一定的比例在织物的某些线圈上形成不封闭的圈弧,在其余的线圈上呈浮线停留在织物反面的纬编组织。

不封闭圈弧和浮线在织物中的排列方式有直垫式、混合式和位移式三种,直垫式是所有横列上的不封闭线圈都处于同一线圈纵行上,这种垫纱方式所形成的针织物,拉毛后绒毛分布不平整,不丰满,因此很少用;位移式是相邻横列中不封闭线圈和相邻位置,都是横移过一定的针数;混合式是直垫式和位移式的综合。后两种垫纱,经拉绒后可以得到比较平整丰满的绒面,尽管如此,目前还是以1:2的位移式垫纱应用最为广泛。

从用纱种类来分单卫衣和双卫衣;从组织来区分为斜纹卫衣和鱼鳞卫衣。

(1)单卫衣

单卫衣面料即两线衬垫织物,其形成一个完全横列需要两根纱线,一根地纱和一根衬垫纱。

常规两线衬垫织物是在平针地组织的基础上,每一横列通过集圈的方式衬入一根衬垫纱线,衬垫纱按一定的比例在织物的某些线圈上形成不封闭的悬弧,在其余的线圈上呈浮线停留在织物的反面。

单卫衣面料多以1:2或1:3的衬垫比进行编织,因织物正面衬垫纱有"露底"现象,常规两线衬垫织物主要用于生产起绒织物,具有良好的保暖性。

(2)双卫衣

双卫衣面料即常说的三线衬垫织物,其每一横列均由面纱、地纱和衬垫纱三根纱线编织形成,衬垫比一般选择1:2或1:3。衬垫纱被夹持在面纱和地纱之间,不会产生衬垫纱"露底"的现象,故织物外观比两线衬垫织物清晰。

(3)斜纹卫衣和鱼鳞卫衣

根据衬垫纱的浮线是否形成斜纹效应,可以将卫衣毛圈面料分为斜纹(有三段和四段之分,多见为三段)和鱼鳞两种,行内亦有将未拉毛的卫衣毛圈布称之为"鱼鳞布"(图3-98)。

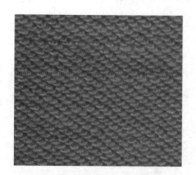 

图3-98　(a)斜纹毛圈卫衣面料　　　　　　　(b)鱼鳞毛圈卫衣面料之正反面

为了提升面料的柔软性和保暖性,大多数卫衣面料在染色之后经背面毛圈刷毛处理,刷毛之后的面料称之为"卫衣绒"。因较早期之三线卫衣面料都在台车织造,故亦有"台车绒"之称。

针织卫衣面料,又称三线卫衣面料。源于面料的一个横列中有面纱(平纹)、地纱(绑毛纱)、毛圈纱(毛纱)三根纱,顾名思义而命名。因地组织中含两根纱,区别于单面毛圈,而又称之为"双卫衣",一般常见卫衣面料规格见表3-8所示:

表3-8　常见卫衣面料规格表

面　纱	地　纱	毛圈纱	面密度（g/m²）	刷毛后的面密度（g/m²）
18 tex（32^S）	18 tex（32^S）	28 tex（21^S）	210～230	220～235
18 tex（32^S）	18 tex（32^S）	37 tex（16^S）	240～260	250～265
18 tex（32^S）	18 tex（32^S）	49 tex（12^S）	275～295	280～320
18 tex（32^S）	18 tex（32^S）	59 tex（10^S）	285～310	295～335
18 tex（32^S）	18 tex（32^S）	74 tex（8^S）	295～320	305～350
18 tex（32^S）	8.3 tex（75^D）	49 tex（12^S）	275～295	280～310

3.4　卫衣的选择与搭配

① 跑步者

如果在户外跑步,可以着一件连帽卫衣外加一件轻便羽绒背心,卫衣的帽子可以替代硬邦邦的运动帽,只要拉紧帽口的绳扣就不会露风了。

② 山地车、越野

选择"卫衣＋防风(雨)两用衫＋绒线帽",卫衣最好贴身穿,它们的面料大多厚实、保暖。

③ 健身馆里健身

选择"开衫卫衣＋背心(或 T 恤)",跑热了,不妨拉开卫衣的拉链,方便且有风度。

④ 瑜伽

选择"一件健身卫衣＋运动内衣"。

当然,卫衣不仅限于运动风格,无论是长款还是短款,都可以营造出可爱和淡淡的女人味。随性的卫衣不光有许多搭配的选择,而且这些随性的搭配和舒适的穿着方式也能让穿着者凸显自信。

① 营造青春活力感

卫衣在春装搭配中最简单的就是搭配牛仔裤,一件连帽的卫衣再加上一双球鞋更能让活泼可爱的感觉跃然而出,青春活力挡不住。

② 营造可爱淑女风

无论是长款还是短款的卡通图案卫衣＋打底裤(迷你裙)＋一双长(短)靴,即可轻轻松松演绎出少女特有的活泼可爱。糖果色的卫衣作为近几年流行的色调,绝对会让整体装扮更加醒目。

③ 营造淡淡女人味

一件开身四季卫衣或蝙蝠样式的卫衣配上迷你短裙或铅笔裤,搭上一双流行的糖果色单鞋,想要装扮得成熟些其实也很简单。

4　技能训练

4.1　技能训练实例

实例:试设计一款能缓解现代化快节奏的工作和生活压力、清新风格的卫衣。

① 创意来源

该款卫衣取名为"森之精灵",属于森系服装。

森系,最早来源于森林系女孩(穿着如同森林中),是一种时尚潮流,也是一种生活态度和精神实质。"森之精灵"没有那么多的刻板限制,清新、自然、超凡脱俗,表现出自然的生活风格。

② 款式说明

森之精灵是一款森系百搭的中长款卫衣,轻松随意的宽松版式、知性文艺的堆堆领设计,柔美显高的凹形衣摆、超强弹力的针织棉面料以及双层做工的高质感衣袖,立体有型,优雅俏皮,简单有范儿。

细节表现:

优雅堆堆领——森之精灵卫衣采用堆叠领设计,领口不同面料双层卷边装饰,知性优雅、美观大方,同时也是女性文艺感的设计亮点。

俏皮优雅贴袋——胸前采用斜向贴袋,袋口双层卷边点缀,为服装整体增添了一抹优雅俏皮的活力感。

精致开叉下摆——下摆采用罗纹组织面料,双侧开叉设计,并采用撞色面料进行双层二次锁边处理,美观装饰,方便活动,凸显休闲感。

③ 效果图展示(图3-99)

图3-99 森之精灵卫衣款式图

4.2 技能训练题

(1) 搜集运动系列卫衣的图片和资料,设计一款适合户外慢跑穿着的卫衣。

要求:①设计说明;②效果图;③面料、色彩、图案等设计说明。

(2) 试设计一款以"时尚·灵动"为主题的创意卫衣。

要求:①创意新颖;②设计说明;③效果图;④面料、色彩、图案等设计说明。

任务九　婴儿爬服设计

1　任务描述

爬服是婴儿时期必备的裁片类针织服装之一。本任务图文并茂地从局部设计、装饰设计、整体设计等方面展开讲解。使学生了解并掌握婴儿爬服的相关知识点,然后结合技能训练实例开展婴儿爬服设计。

2　任务目的

在了解和熟悉婴儿生理特点的基础上,能分析思考爬服的款式设计、面料使用、缝纫工艺、装饰手法。

能根据设计要求,灵活运用各种设计手法,开发出新颖的婴儿爬服款式。

3　知识准备

3.1　婴儿爬服领部设计

儿童根据其生长过程中体型、生理及心理特性的变化,分为婴儿期、幼儿期、学龄前期、学龄期和少年期。其中婴儿期是指从出生到周岁前这一年龄段,其生理特点主要表现皮肤嫩,睡眠多,发汗多,排泄次数多。婴儿期小孩头大颈短,头部几乎占全身的1/4。考虑到婴儿的方便着装,颈部尽量采用无领造型,可以将设计重点放在领线的设计上,例如圆领、V领、叠领、信封领等。即使设计添领,也选择无领座的翻领,立领基本不采用,如图3-100所示。

|（1）叠领|（2）信封领|（3）低圆翻领|

图3-100　婴儿爬服领部造

3.2 婴儿爬服肩袖部造型设计

婴儿肩部为了避免受凉,除了夏季款需要设计为短袖款外,其余季节的婴儿爬服有必要设计为有袖子的款式。装袖、插肩袖是实用的袖型。尤其以上提到的信封领口造型对应的是活动肩头设计,穿脱方便而且宽松舒适。

3.3 婴儿爬服门襟扣合设计

婴儿经常采用仰卧睡姿,钉钮一般放在前胸、肩部,系带一般放在衣身前面。门襟设计可以在前中、前侧,如果纽扣设计在后背部,半开门襟即可,如图 3-101 所示。

(1)斜襟单排扣　　　　　　(2)背部半开门襟

图 3-101　婴儿爬服门襟造

3.4 婴儿爬服裆部设计

婴儿爬服裆部的设计既要满足婴儿穿着的舒适性,又要满足尿布放置的要求。考虑婴儿必须经常更换尿片,裆部设计应在不影响衣着状态的情况下,可以随时打开。合裆、开裆设计随季节灵活调整,如图 3-102 所示。另外,符合裆部开合的按钮设计成为首选。而且,按钮的质量要求非常高,不能变形、脱扣、生锈。

3.5 婴儿爬服连袜设计

婴儿有手臂上举的活动与睡眠习惯,再加上婴儿大部分时间是被大人抱着,导致下身衣长部分往上蹭起,裤长总是显得不够,使得婴儿的小腿部分常暴露在空气中。事实上,其他非连身的裤子也会有这种缺陷,但爬服由于上下身相连,只要牵动上衣就会影响下身衣长,人们在照顾婴儿或和婴儿游戏时

图 3-102　婴儿爬服开裆造型

经常进行腋下托举的动作,对裤长的影响就更频繁、更严重。因此,连袜设计就非常必要了,特别是冬天,保暖更是第一要务,有了带袜爬服,就消除了上述隐患,如图3-103所示。

(1) 袜款　　　　　　　　　(2) 连帽款

图3-103　婴儿爬服连袜设计

3.6　婴儿爬服连帽设计

考虑到气候及婴儿外出着装保暖防护的需求,秋冬季款的婴儿爬服可以采取连帽设计,如图3-104所示。

3.7　婴儿爬服装饰设计

婴儿爬服除了采用自带图案和色彩变化的面料开发款式外,通常还会采用电脑机绣工艺进行品牌logo、卡通字母、图案等装饰设计。为了使绣花部位平整易操作,通常都在底部垫上一张卡纸,绣完后纸就会和图案连在一起。但这种处理方法会造成绣花部位底部粗糙僵硬,婴儿贴身穿着后极易对肌肤造成损伤。所以,还

图3-104　婴儿爬服绣花工艺

应在刺绣面料底端再附上柔软的薄型棉料保护膜,有效减少绣花背面的线头摩擦到婴儿稚嫩的皮肤(图3-104)。

3.8　婴儿爬服整体设计

3.8.1　爬服整体造型介绍

婴儿爬服款式宽松,上下衣身连在一起,以肩部承担衣服的重量,可以减轻腹部压力、保护内脏器官,利于婴儿生长;胸部、裆部采用全开口设计,方便随意打开,穿着和换洗极为方便;去除腰部的收紧设置,既有效地防止了婴儿腹部受凉的隐患,又对生长极其迅速的胸腹呼吸部位毫无束缚,是婴儿极其理想的针织服装款式。

3.8.2　款式分类

可分为长爬、短爬、三角爬(图3-105)。

(1) 长爬　　　　　(2) 短爬　　　　　(3) 三角爬

图3-105　婴儿爬服类别

3.8.3　爬服面料设计

婴儿皮肤角化层薄且很敏感,易受外力损伤,对细菌抵抗力很差,要用不刺激皮肤、手感柔软、吸湿性与透气性好的天然纤维面料,如棉针织面料就兼备了以上提到诸多优良特性。另外,面料色彩以白色或淡色为宜,避免或减少因染料对婴儿细嫩肌肤造成的伤害。

不论使用何种面料来制作婴儿爬服,尽量在领口、袖口、裤口使用针织罗纹,这样既可收缩了宽大的领口、袖口、裤口,起到保暖作用,又不至于勒紧手腕与脚踝,使婴儿穿着随意舒适,同时也增添了服装的时尚感。

3.8.4　爬服工艺设计

婴儿肌肤娇嫩,不耐摩擦,不仅衣料的选择必须柔软舒适,而且缝制工艺上应尽量采用减少缝边的措施或无缝技术。针对于针织面料延伸性大,容易脱散的特点,通常在婴儿爬服上使用卷边、绷缝、滚边等工艺,便于稳定尺寸、固定缝边。另外,服装 logo 也应缝在衣服外侧或背部,减少与婴儿皮肤的直接接触。

3.8.5　爬服色彩和图案设计

婴儿爬服大多采用低纯度、高明度色彩,也就是浅淡雅致的色彩,这些颜色看上去与婴儿稚嫩的皮肤形成天然的和谐。这种色彩既能给孩子、家庭以温馨宁静的感觉,又能促使大人给婴儿勤换衣服,以保证婴儿服装的干净卫生。色彩的种类不要太多,一般不超过四种。要注意颜色之间的协调,如面积大小、位置等。

可爱的动物、美丽的花草、鲜甜的水果、最新的卡通图案都适用于婴儿爬服的图案设计。除了考虑美观,主要应该考虑图案的色彩、形状、位置以及制作方法对皮肤等生理特征产生的影响(图3-106)。

图 3-106　婴儿爬服色彩与图案设计

4　技能训练

通过网络和期刊杂志,调研英国著名童装品牌 NEXT 旗下的婴儿爬服,熟悉和掌握品牌设计风格。在此基础上,进行该品牌婴儿爬服的模仿设计。

（1）资料收集:根据技能训练要求,收集 NEXT 品牌女婴爬服夏季款式,找出设计元素的运用。

（2）款式分析:NEXT 女婴爬服夏季款以无袖三角爬为主,粉色为主色调尽显温馨;以花卉为主的四方连续凸显女婴的可爱;领口袖口等局部有木耳边装饰。

（3）模仿设计:以 NEXT 女婴爬服夏季款为灵感来源,充分运用其设计手法,并结合知识要点中的爬服设计元素的运用,设计出三款女婴爬服夏季款(图 3-107)。

图 3-107　设计图例

裁片类针织服装结构设计 | 项目四

　　对于裁片类针织服装的设计来讲,能否将最初的设计进行完美的诠释还取决于结构设计是否合理。本项目要求学生在掌握针织服装的规格尺寸设计后,能够熟练应用规格演算法,进行不同款式针织服装的结构设计,并利用基样法进行特殊款式针织服装的结构设计。

　　本项目由七项任务组成,即针织服装规格尺寸设计、针织服装成衣测量、规格演算法结构设计、认识规格演算法衣身结构设计、规格演算法衣袖设计、规格演算法衣领结构设计、基样法结构设计。

任务一 针织服装规格尺寸设计

1 任务描述

针织服装的结构设计,即在进行针织服装的款式设计后对服装结构进行分解、样板绘制,该项目任务要求能够进行针织服装的系列规格尺寸设计。

针织服装的规格尺寸是针织服装设计中的重要一项,是针织服装进行产业化、系列化生产的基础,其规格尺寸设计的是否合理对产品影响很大。

2 任务目的

通过该任务的学习与锻炼,掌握针织服装规格尺寸及其设计,能够根据所设计不同风格、不同款式的针织服装设计规格尺寸系列表。

3 知识准备

针织服装的规格尺寸设计是生产中一项十分重要的内容,成衣规格尺寸设计得合理与否,对产品影响很大。在进行针织服装的设计生产以前,必须提供服装各部位的规格尺寸,如衣长、袖长、胸宽、挂肩大、袖口大、领深、裤长、直裆大、横裆大等等,这些成衣部位的规格尺寸是设计和制作样板的依据,同时也是产品验收的标准。

3.1 针织服装规格尺寸设计依据

3.1.1 国家标准——服装号型系列

我国现行的"GB/T 1335—2008"服装号型标准中,分为"GB/T 1335.1—2008 服装号型 男子""GB/T 1335.2—2008 服装号型 女子""GB/T 1335.3—2009 服装号型 儿童"三部分,该标准已成为强制性国家标准"GB 5296.4 消费品使用说明 纺织品和服装使用说明"中的一个重要内容。

(1)号型定义

号:指人体的身高,以 cm 为单位表示,是设计和选购服装长短的依据。

型:指人体的上体胸围和下体腰围,以 cm 为单位表示,是设计和选购服装肥瘦的依据。

(2)体型分类

服装号型标准以人体的胸围与腰围之差为依据,将男子与女子体型分为 Y、A、B、C 四大类体型,见表 4-1 所示。我国男子和女子以 A、B 体型居多。

表 4-1 我国人体体型分类表

体型分类代号		Y 宽肩细腰体	A 正常体	B 偏胖体	C 胖体
胸围与腰围之差(cm)	女子	19~24	14~18	9~13	4~8
	男子	17~22	12~16	7~11	2~6

(3)号型标志

号型制的表示方法是号与型之间用斜线分开,后接体型分类代号。服装的上、下装要分别表明号型,套装上装和下装的号及体型分类代号必须一致。儿童不分体型,号型标志不带体型分类代号。

例如:上装号型170/88A,170表示号,88表示型,A表示体型分类代号;下装号型170/74A,170表示号,74表示型,A代表体型分类代号;儿童上装号型150/68,150表示号,68表示型;儿童下装号型150/60,150表示号,60表示型。

（4）号型系列

号型系列是以各体型的中间体为中心,向两边依次递增或递减组成。中间体是根据大量实测的人体数据,通过计算,求出均值,即为中间体,它反映了我国男女成人各类体型的身高、胸围、腰围等部位的平均水平,具有一定的代表性。男子、女子各类体型的中间体见表4-2、表4-3所示。

表4-2　男子各类体型的中间体

体型分类代号		Y	A	B	C
中间体号型	上装	170/88	170/88	170/92	170/96
	下装	170/70	170/74	170/84	170/92

表4-3　女子各类体型的中间体

体型分类代号		Y	A	B	C
中间体号型	上装	160/84	160/84	160/88	160/88
	下装	160/64	160/68	160/78	160/82

在成年号型系列中,男、女上装采用5·4号型系列,即身高以5 cm分档,胸围以4 cm分档组成系列,男、女下装采用5·4和5·2号型系列,即身高以5 cm分档,腰围以4 cm、2 cm分档。在国家标准"GB/T 1335—2008"中,号型系列内容包括男子、女子5·5、5·2号型系列(Y型、A型、B型、C型)。

儿童号型系列中,身高52~80 cm的婴儿,身高以7 cm分档,胸围以4 cm分档,腰围以3 cm分档,组成7·4和7·3号型系列;身高80~130 cm的儿童,上装和下装分别采用10·4和10·3号型系列;身高135~155 cm的女童、身高135~160 cm的男童,上装和下装分别采用5·4和5·3号型系列。儿童服装号型系列包括7·4、7·3号型系列,10·4、10·3号型系列和5·4、5·3号型系列。

（5）控制部位

控制部位数值是指人体主要部位的尺寸(系净体尺寸),是设计服装规格的依据。单纯的号型标准还不能完成规格设计,为此国家标准中同时规定了各系列控制部位数据及各系列分档数。在进行服装规格设定时,通过查取控制部位的尺寸,根据款式的需要,在宽度和围度控制部位尺寸加上一定的松度来确定服装宽度和围度的规格;长度部位的尺寸按照长度控制部位的比例得出。

3.1.2　国家标准——棉针织内衣规格尺寸系列

我国现行的标准"GB/T 6411—2008 针织内衣规格尺寸系列"是适用于棉针织内衣的标准,

该标准规定了单面、双面、绒类棉针织内衣的规格尺寸。相比于 GB/T 6411—1997 标准主要有以下变化:变更标准名称为"针织内衣规格尺寸系列";重新定义号型中型的定义为,"型"是以 cm 表示人体的胸围或臀围;依据针织面料横向的拉伸伸长率情况,将针织内衣规格尺寸系列分为 A、B、C 三类。

（1）规格标志

棉针织内衣号型制的规格标志与服装号型制基本相同,棉针织内衣的规格标志中必须以 cm 为单位标明总体高和成品胸围(腰围),总体高与围度之间用斜线划开,例如 170/90,其中 170 表示号(总体高),90 表示成品胸围或腰围。

（2）号型系列

棉针织内衣号型系列以中间标准体(男子总体高 170 cm、围度 95 cm,女子总体高 160 cm、围度 90 cm)为中心向两边依次递增或递减组成。成年男、女的上衣或裤类均采用 5·5 号型系列。根据儿童生长发育快的特点,总体高在 155 cm 及以下的儿童其衣、裤类采用 10·5 号型系列。

（3）成品主要部位规格

GB/T 6411—2008 针织内衣规格尺寸系列是对我国人民的体型进行测量调整,并在考虑人们生活习惯的基础上指定的,有很强的适应性及较广的覆盖面。该标准中对身长、胸围、袖长、裤长、直裆、臀围六个主要部位规格作了规定。

3.1.3　行业标准

行业标准是纺织行业或针织行业等为常规品种制定的标准。表 4-4 为一些常见针织服装的行业标准。

表 4-4　部分针织服装行业标准

标　准　号	名　　　称	标　准　号	名　　　称
FZ/T 73010—2008	针织工艺衫	FZ/T 73021—2004	针织学生装
FZ/T 73020—2004	针织休闲服装	FZ/T 73007—2002	针织运动服
FZ/T 73008—2002	针织 T 恤衫	FZ/T 73035—2010	针织彩棉内衣
FZ/T 73029—2009	针织裤	FZ/T 73013—2004	针织泳装
FZ/T 73015—1999	亚麻针织品	GB/T 26385—2011	针织拼接服装
FZ/T 73017—2008	针织家居服	FZ/T 73018—2002	毛针织品
GB/T 22853—2009	针织运动服	GB/T 22849—2009	针织 T 恤衫

3.1.4　地区、企业标准

地区标准是根据当地气候、自然环境、人们生活习惯等差异,由当地行政部门委托工商部门或质量检测部门共同制定的常规品种的细部规格。若某些新产品投产时无统一地区标准,可与当地工商部门共同探讨制定企业标准(或称暂行标准)。

3.1.5　客供标准

在出口产品中,进口国客商会提供成品规格以及一些主要部位的详细尺寸,此即客供标准。生产厂家和客商会按照此规格尺寸进行生产和验收。

3.1.6　实测

为能使服装更好地展现其风格、功能,更好地符合穿着者的体型、个性,针对特殊体型的人群或有特殊要求的服装,通过测量人体来取得服装各部位的规格尺寸。

3.2 针织服装规格尺寸设计特点

3.1.1 针织服装的尺寸放缩量依据不同

针织面料具有一定的弹性和延伸性,且在围度方向上尤佳,故针织服装围度放松量小于机织服装。但是,针织服装围度放松量的确定需要综合考虑各方面因素,如人体基本活动量、面料弹性、季节、年龄、地域、性别、流行等,主要部位的围度放松量如表4-5所示。

表4-5　针织服装主要部位围度放松量参考值　　　　　　　　　　单位:cm

部位 \ 宽松度	宽松	合体	紧身
胸围	20 ~ 6	4 ~ 0	0 ~ -24
腰围	—	2 ~ 0	—
臀围	20 ~ 8	5 ~ 0	2 ~ -14

服装长度规格设计时依据人体穿着习惯、服装款式、流行趋势以及人体活动作用点等因素。表4-6为长度规格尺寸设计依据参考值。

表4-6　长度规格尺寸设计依据　　　　　　　　　　单位:cm

规格部位	说明	长占人体身高比例(%)
无袖上衣袖窿部位	颈侧点与肩点之间	—
肩袖袖口部位	上臂长度的1/6	3.4
短袖袖口部位	上臂长度的2/3	13.2
三股袖袖口部位	肘与腕之间	26.5
长袖袖口部位	手腕处	男34.8,女33.3
女士上衣下摆部位	腰围与臀围线之间	40
男士上衣下摆部位	臀围线以下	42.5
短裤裤口部位	大腿部位	27
短大衣及短裙摆位	膝盖上	48.7
长裤裤口部位	踝关节处	62.5

3.1.2 面料性能影响规格尺寸设计

由于针织面料性能特殊,且不同针织面料的弹性、延伸性、悬垂性、横向扩张等性能不同,针织服装规格尺寸设计相对于机织服装难度较大。即使是同一款式针织服装,若面料不同,规格尺寸设计也不同。

面料弹性、延伸性大,放松量可适当减小,高弹面料放松量甚至可以为0或负值。悬垂性好的面料为弥补其对长度规格尺寸的影响,设计时长度规格应适当减小1~1.5 cm,宽度方向适当增加1~1.5 cm。针织面料的横向弹性好,横向扩张时纵向会相应收缩,故规格尺寸设计时长度尺寸相应加长、宽度尺寸减小。同理,纵向弹性好的面料反之。

3.3 针织服装示明规格

服装在销售时为了便于消费者选购,常用1~2个主要部位的尺寸来表明服装适穿对象的体型特征或服装的大小,这 1~2 个主要规格被称为示明规格。

常用的示明规格主要有号型制、胸围制、代号制、领围制。

3.3.1　号型制

号型制是国家正式颁布的示明规格的标准表示方法。号型制表示方法中"号"指人体的身高,是设计和选购服装长短的依据;"型"指人体的胸围和腰围,表示上装用胸围,下装用腰围,均为国际通用的内限尺寸(净尺寸),是设计和选购服装肥瘦的依据。两者均以 cm 为表示单位。

号型制适合于各类服装,表示时在号与型之间用斜线分开,后接体型分类代号,如上装 160/84A(儿童不分体型,其号型制不带体型分类代号)。服装的上下装要分别标注号型,套装中上、下装的号与体型分类代号必须一致。

3.3.2　胸围制

我国在实行号型制以前,一般内衣、毛衫、运动衣等都采用以上衣的成衣胸围或下装的成衣臀围尺寸作为示明规格,即为胸围制。内销产品以 5 cm 为档差,外销产品以 2 in 为档差,分儿童、少年、成人三个系列。其中,50 cm、55 cm、60 cm 和 20 in、22 in、24 in 为儿童规格,65 cm、70 cm、75 cm 和 26 in、28 in、30 in 为少年规格,80 cm 和 32 in 以上为成人规格。

3.3.3　代号制

用数字或英文字母表示服装规格的为代号制。如 2、4、6、8、10、12 等数字表示适穿儿童的年龄,英文字母表示 XS、S、M、L、XL、XXL 等象征性代表服装规格的分档系列。

代号制属于模糊规格表示法,本身没有确切的真实尺寸涵义,只表示一个相对大小的意义。不同国家、地区、企业、品牌等的相同代号其代表的真实尺寸可能不同。

3.3.4　领围制

领围制是国际上男衬衫统一采用的示明规格的表示方法。它以成衣的领围尺寸(cm 或 in)来表示服装的规格。

领围制一般以 1.5 cm(0.5 in)为一个档差,从 34 cm(13.5 in)到 43 cm(16.5 in)共 7 档规格。我国也有以 1 cm 为一个档差的表示方法,共 10 档规格。

3.4　针织服装规格尺寸设计步骤

3.4.1　确定服装号型系列及体型分类

在进行针织服装规格尺寸设计时,首先要确定服装的号型系列。根据所设计服装的款式、穿着对象等确定号型系列,制定服装规格系列表,并确定体型分类,成人服装一般多为 A 型体。

3.4.2　确定中间体及主要部位数值

为便于准确、规范地设置各类体型的不同规格,在进行服装规格尺寸设计时要确定中间体。在中间体主要控制部位数值的基础上加减不同放松量可以得到具体的规格尺寸。

3.4.3　了解面料特性并判断服装合体度

在针织服装规格尺寸时,面料特性和服装合体度会影响其规格尺寸。针织面料的弹性大、延伸性好,在确定规格尺寸、加减放松量时,应充分考虑面料特性与服装款式之间的关系。如紧身型服装款式,放松量为负值,面料弹性大时减去的放松量要比面料弹性小时大。不同合体度要求的服装在进行规格尺寸设计时,即使号型系列相同,其具体放缩量和规格尺寸也不同。

3.4.4　确定规格尺寸并推算其他规格尺寸

根据中间体主要不同数值以及面料特性、服装合体度、流行趋势、穿着对象等因素,设计其规格尺寸。以中间体规格尺寸为中心,针对规格系列表推算其他体型的规格尺寸,完成服装号型各系列的规格尺寸设计。

4　技能训练
4.1　技能训练实例
4.1.1　上衣规格尺寸设计

例:针织 T 恤规格设计,已知效果图、款式图如图 4-1 所示,试进行规格尺寸设计。

(1) 效果图　　　　　　　　　　(2) 款式图

图 4-1　针织 T 恤

设计:
(1) 确定号型系列:160/84A(参照 GB/T 1335.2—2008 服装号型女子)
(2) 根据此号型查出各控制部位数值(表 4-7)

表 4-7　控制部位数值　　　　　　单位:cm

数　　值	坐姿颈椎点高	全臂长	(净)胸围	颈　围	总肩宽	(净)腰围
部　　位	62.5	50.5	84	33.6	39.4	68

(3) 依据面料的特性(低弹面料)、服装的合体度(贴体合身)确定该款服装主要控制部位规格尺寸:

$$衣长 = 坐姿颈椎点高 - 3.5 = 62.5 - 3.5 = 59 \text{ cm}$$

$$胸围 = (净)胸围 + 2 = 84 + 2 = 86 \text{ cm}$$

$$袖长 = 16 \text{ cm}(依据款式不同,其长度可变)$$

$$腰围 = (净)腰围 + 4 = 68 + 4 = 72 \text{ cm}$$

$$总肩宽 = 39 \text{ cm}$$

由于针织面料弹性延伸性好,因而该款肩宽尺寸不做增减,如果采用高弹面料,肩宽尺寸依据款式可适当减小。

（4）确定各细部规格尺寸

该款服装主要依据圆领女贴体文化衫规格尺寸，然后再根据款式不同稍作调整。

圆领女贴体文化衫规格尺寸可查表获得，具体尺寸如表4-8所示。

表4-8　圆领贴体文化衫细部规格尺寸

单位:cm

数值	下摆宽	挂肩	1/2袖口宽	袖口挽边宽	下摆挽边宽	领宽	前领深
部位	86	22	14.5	2.5	2.5	16	8.2

该款女针织衫较之此圆领女贴体文化衫不同之处在于领口尺寸，具体如下:领宽由16 cm增加至24 cm;前领深由8.2 cm增加至12 cm。

（5）规格尺寸表（表4-9）

表4-9　规格尺寸表

单位:cm

数值	衣长A	胸围2B	袖长C	总肩宽D	腰围2E	下摆围F
部位	59	86	16	39	72	86
数值	挂肩G	1/2袖口宽H	袖口挽边宽I	下摆挽边宽J	领宽K	前领深L
部位	22	14.5	2.5	2.5	24	12

4.1.2　裤装规格尺寸设计

例:针织运动裤规格设计，已知效果图、款式图如下所示，试进行规格尺寸设计（图4-2）。

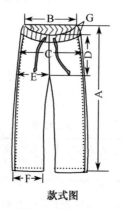

效果图　　　　　　　　　款式图

图4-2　针织运动裤

设计:

（1）确定号型系列:170/74A（参照 GB/T 1335.1—2008 服装号型男子）

（2）根据此号型查出各控制部位数值（表4-10）:

表4-10　各控制部位数值

单位:cm

数值	身高	腰围高	腰围	臀围
部位	170	102.5	74	90

（3）依据面料的特性（低弹面料）、服装的合体度（宽松）确定该款服装主要部位规格尺寸：

裤长 = 腰围高 + 3.5 = 102.5 + 3.5 = 106 cm

腰围（松度）= 74 cm

腰围（拉度）= 104 cm

臀围 = 臀围净尺寸 + 16 cm = 90 + 16 = 106 cm　（该款为宽松型运动休闲裤）

（4）确定各细部规格尺寸

该款服装主要依据成年男针织长裤规格尺寸，然后依据款式不同稍作调整。

男针织长裤规格尺寸可查表获得，具体尺寸如表4-11所示。

表4-11　男针织长裤规格尺寸　　　　　　　　　　单位：cm

数值	直裆	横裆	脚口	腰高	腰带长
部位	35	68	45	2.5	125

a. 该款长裤属于中腰，因而直裆尺寸适当减少至30 cm；

b. 裤腿较宽松，横裆尺寸增加至72 cm；脚口尺寸增加至48 cm。

（5）规格尺寸表（表4-12）

表4-12　规格尺寸表　　　　　　　　　　　单位：cm

数值	裤长 A	腰围（松度）2B	腰围（拉度）	臀围 2C	直裆 D
部位	106	74	104	106	30
数值	横裆 E	脚口 F	腰高 G	腰带长	
部位	72	48	2.5	125	

4.2　技能训练题

（1）插肩袖抽褶衫规格尺寸设计（图4-3）

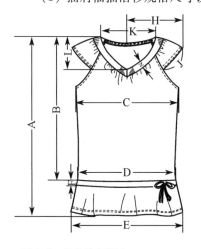
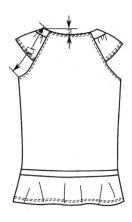

图4-3　插肩袖抽褶衫

（2）休闲长裤规格尺寸设计（图4-4）

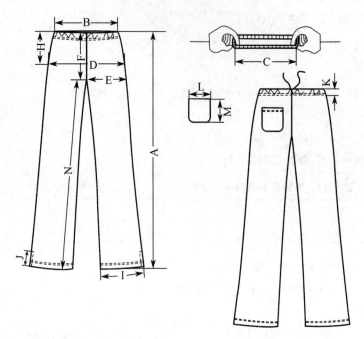

图4-4　针织休闲长裤

（3）圆领 T 恤规格尺寸设计（图4-5）

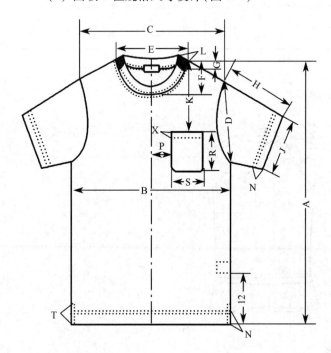

图4-5　圆领 T 恤衫

（4）连衣裙规格尺寸设计（图4-6）

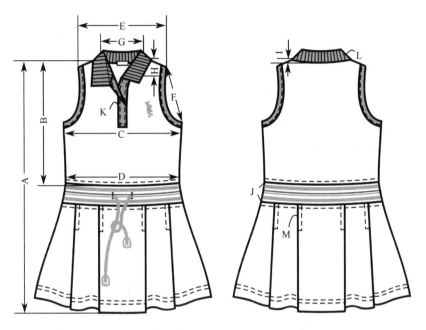

图4-6　针织连衣裙

（5）风帽外套规格尺寸设计（图4-7）

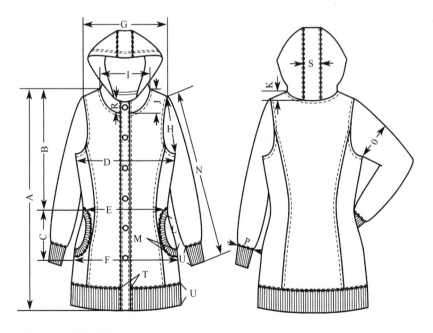

图4-7　针织风帽外套

任务二　针织服装成衣测量

1　任务描述

成衣规格的测量对针织服装而言十分重要,因为规格演算法样板设计时要与测量部位进行配合,而产品出厂前的检验也是按照测量部位来进行的。针织成衣的规格尺寸测量的是否准确将直接影响样板的制作以及成品质量的好坏。

作为针织服装的设计人员,要熟悉各类针织产品的测量部位及有关规定,以确保针织成衣规格的准确。针织服装品种很多,其规格尺寸测量方法各异。

2　任务目的

通过该任务的学习与锻炼,掌握针织服装成衣规格的测量部位及方法,能够根据不同款式的针织服装进行成衣规格测量。

3　知识准备

对与针织服装而言,因为在规格演算法样板设计中定要根据成品规格尺寸,结合测量部位进行,故成衣尺寸的测量十分重要。在我国相应国家标准、不同的纺织行业标准中都对相关款式针织服装的测量部位作了规定。有些测量方法,也是由企业在常年实际生产中经反复探索总结出来的测量方法,具有很强的实用性。

3.1　上衣类针织服装成衣测量

(1)衣长

连肩产品由肩宽中间量至底边;合肩(拷肩)产品由肩缝最高处(即领窝颈侧点)量至底边。

(2)胸围

由挂肩缝与侧缝交叉处向下2 cm横量一周。

(3)挂肩

上挂肩缝到袖底角处斜量。

(4)袖长

平肩产品由挂肩缝外端量到袖口边;插肩袖产品由后领窝中间量至袖口边。

(5)总肩宽

由左肩缝接缝处量至右肩缝接缝处。

(6)袖口大

罗纹袖口从离罗纹拷缝3 cm处横量;紧袖口在紧口处横量;折边袖口在边口处横量;滚边袖口在滚边缝处横量。

(7)领宽

罗纹领的领宽从左右颈侧点的拷缝处横量;折边领或滚边领的领宽从左右颈侧点的边口处横量。

(8)前领深

从肩平线向下直量至前领窝最深处;滚边或折边领量至边口处;罗纹领量至拷缝处。

（9）后领深

从肩平线向下直量至后领窝最深处；滚边或折边领量至边口处；罗纹领量至拷缝处。

（10）折边宽

采用折边形式的边口，其折边宽从边口处量至缝迹处。

（11）滚边宽

采用滚边形式的边口，其滚边宽从边口处量至滚边折进处。

（12）门襟长

半开襟款式从领口处直量至门襟底部拷缝处。

（13）门襟宽

从门襟边横量至拷缝处。

（14）袖口罗纹（或下摆罗纹长、领罗纹高）

从罗纹拷缝处量至边口。

（15）肩带宽

背心类款式有肩带的平肩产品在肩平线上横量；斜肩产品沿肩斜线测量。

（16）胸宽

结合胸宽部位进行横量（常用于背心类产品）；拷缝产品胸宽量至拷缝处；折边产品产品胸宽量至边口处。

3.2　裤类针织服装成衣测量

（1）裤长

棉针织内裤、弹力型塑身裤从后腰款宽的 1/4 处向下直量到裤口边；针织外裤沿裤缝由侧腰边垂直量到裤口边。

（2）直裆

内裤将裤身相对折，从腰口边向下斜量到裆角处；外裤由裤腰边直量到裆底；三角裤从腰口最高处量至裆底。

（3）横裆

内裤将裤身相对折，从裆角处水平横量至侧边；外裤从裆底处横量；三角裤从裤身最宽处横量。

（4）腰宽

腰边横量。

（5）腰边宽

从腰口边量至腰边缝迹处。

（6）前后腰差

从裤后腰中间边口直量至前腰中间边口。

（7）裤口大

罗纹口从距拷缝 5 cm 处横量；平脚裤从边口处平量；三角裤从滚边口边出斜量。

（8）腿长

指童开裆裤款式，从开裆裆角处向下直量至裤口边或裤袜底中间处。

（9）封门

指小开口裤款式,从封门高度处直量。

3.3　针织泳衣、文胸、内衣类成衣测量

3.3.1　针织泳衣

(1)全长

由前肩缝最高处量至裆底。

(2)胸围

由胸部最宽部位横量。

(3)臀围

由臀部最宽部位横量。

(4)腰围

由腰口横量。

(5)裤长

由腰口边量至裆底。

(6)裤口

沿裤口边对折测量。

(7)裆宽

由下裆最窄部位横量。

3.3.2　文胸

(1)衣长

自然平摊后,自肩带宽中间量至底边(只用于肩带与罩杯为整体的文胸)。

(2)底围长

自然平摊后,沿文胸下口边测量(可调式量最小尺寸)。

(3)肩带长

量肩带的总长(可调式量最长)。

3.3.3　塑身内衣

(1)衣长

自然平摊后,由塑身内衣前面上口端量至裆底或最低端。

(2)胸宽

自然平摊后,沿杯罩下沿(或胸下线)平量(可调式量最小尺寸)。

(3)腰宽

在塑身内衣腰部最窄处平量。

3.4　针织成衣测量时应注意的问题

不同的服装类别,需要测量的部位不同,而同一测量部位,测量方法也会随着服装款式、缝制加工方法、使用材料的不同而有所差异。

3.4.1　服装类别不同对测量部位的影响

针织服装的种类很多,不同种类的服装其成衣需要测量的部位也不同。如针织外裤需要测量裤长、直裆、横裆三个尺寸,弹力裤只需要测量裤长、腰宽两个部位的尺寸,等等。

3.4.2　服装款式不同对测量部位的影响

(1)衣长

平肩产品由肩宽中间量至底边,斜肩产品由肩缝最高处量至底边,吊带衫则从带子最高处量至底边。

（2）袖长

平肩、斜肩产品由挂肩缝外端量至袖口边,插肩袖则由后领窝中间量至袖口边。

（3）裤长

棉毛裤、弹力型塑身裤从后腰宽 1/4 处向下直量到裤口边,运动裤、休闲裤等外裤沿裤缝由侧腰边垂直量到裤口边,游泳裤由腰口边量至裆底。

（4）裤口大

罗纹口从距拷缝缝边 5 cm 处横量,平脚裤从边口处平量,三角裤从滚边口处斜量。

3.4.3　服装材料及缝制方法对测量部位的影响

针织面料的弹性优势使针织服装的边口设计具有独特性,常用的方法有罗纹边、滚边、挽边、加边、缝迹处理等。

（1）领宽

拷缝产品的领宽在拷缝处平量,折边或滚边产品的领宽从左、右侧颈点的边口处横量。

（2）领深

领深的测量部位是从肩平线向下量至领窝最深处,滚领或折边产品的领深量至边口处,拷缝产品的领深量至拷缝处。

（3）袖口

挽边袖在袖口边处量,滚边袖口在滚边缝迹处量,罗纹袖口从距罗纹拷缝 3 cm 处横量。

4　技能训练

4.1　技能训练实例

实例:试分析、测量如下某 T 恤衫的成衣尺寸（图 4-8）

① 拿到衣服后,首先分析服装款式(服装款式影响成衣尺寸测量的方法和部位),如下图 T 恤衫:短袖、插肩袖、折边袖口边、折边下摆、滚边领口;

② 将衣服平铺,注意不要拉扯使服装变形,根据 T 恤衫的款式特点进行成衣尺寸测量,本例中,需要注意的是插肩袖袖长的测量;

③ 数据记录,此款服装为 160/84A。

A 胸宽:T 恤衫平铺后,由挂肩缝与肋缝交叉处向下 2 cm 水平衡量,89 cm;

B 下摆宽:底端下摆横量,91 cm;

C 衣长:62 cm;

D 袖长:后领窝中间量至袖口边,33 cm;

E 领宽:滚边领从左、右侧颈点的边口横量,19 cm;

F 前领深:滚边领从肩平线向下量至前领窝最深处,11 cm;

G 后领深:滚边领从肩平线向下量至后领窝最深处,2.5 cm;

H 袖口:折边袖在袖口边处量,32 cm;

其他,袖边底边 2 cm,领边 2 cm。

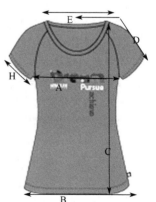

图 4-8　某 T 恤衫款式图

4.2　技能训练题

从自己的衣橱中找出针织上衣、裤装(或裙装)各一件,根据测量方法或相关标准进行成衣尺寸测量。

任务三　认识规格演算法结构设计

1　任务描述

针织服装的结构设计可以采用平面构成法或立体构成法进行,平面构成法中又有比例分配法、原型法、基样法和规格演算法等。

传统的针织服装主要有各种内衣、运动衣及宽松式睡衣等,从其原料特性、结构特点和款式特点分析可知,规格演算法是最适合针织服装结构设计的方法。

2　任务目的

通过该任务的学习与锻炼,掌握利用规格演算法进行针织服装结构设计,并能够根据不同款式针织服装的特点进行结构设计。

3　知识准备

3.1　规格演算法的概念

规格演算法是根据服装款式的要求与试穿对象的体型来确定服装的规格尺寸,以规格尺寸、衣片形状及测量部位为主要依据,结合其他影响因素进行样板设计的方法。

3.2　规格演算法的特点

(1)准确掌握各部位尺寸,能保证成品的规格。

针织服装面料柔软,有弹性、拉伸性,容易变形,需要明确的规格尺寸来确定主要部位的尺寸。

(2)规格演算法的样板设计方法简单易学,容易掌握,特别适合一般工厂使用。

(3)规格演算法适应性广,适合所有的针织面料。

3.3　规格演算法样板设计的方法与步骤

3.3.1　传统针织服装样板设计特点

(1)不适合采用净样板

传统针织服装的样板设计一般不适合采用先设计好净样板,然后再统一加缝耗的方法,而应该采取在设计样板各部位的尺寸时就要充分考虑影响样板尺寸的各种因素。

首先,因为针织面料具有弹性和脱散性,使得针织服装的不同部位需要采用不同类型的线迹,即采用不同的缝纫设备进行缝制。这些不同的缝纫设备所形成的缝耗是不同的,因此在样板的不同部位加放的缝耗量也不同,样板设计时就不能采用先设计好净样板,然后再统一加放缝耗的方法来确定样板的尺寸。

其次,针织面料存在着工艺回缩,回缩量的大小随面料的原料、组织结构、加工方法以及面料纵横方向的不同而不同,因此样板不同部位加放的回缩量也不同。

再者,针织面料具有悬垂性和拉伸性,采用轻薄、柔软、伸缩性好的面料制成的服装,穿着时,由于下垂的原因会使服装的长度变长而宽度变窄,即伸缩性对样板纵横向尺寸的影响不同。因此,进行样板设计时,样板宽度方向的尺寸应适当地加大,而样板长度方向的尺寸则应相应地缩小。另外,样板中斜丝部位的尺寸也应考虑拉伸因素,拉伸变化的大小根据斜丝部位的尺寸以及面料拉伸性能的不同而不同。

综上所述,由于影响样板尺寸的因素较多,而每一影响因素对样板各部位尺寸的影响情况又各不相同,因此,进行样板设计时,应该首先设计好缝制工艺,然后确定缝耗、缝制回缩率及其他影响因素的数值,在进行样板尺寸计算时,应把这些因素都考虑进去,然后计算得出样板的尺寸。这样设计的样板是毛板。

（2）采用负样板

传统针织服装样板设计的另一个特点是可以采用负样板来简化样板,并减少样板的数量。一般样板是用作裁剪衣片的,它代表的是衣片的形状和规格。负样板正好相反,它代表的不是衣片,而是形成衣片需要裁掉的部分,即裁耗。例如针织服装的领子样板一般都采用负样板。使用负样板一方面可以简化大身样板,另一方面可以减少样板的数量,从而节省制作样板的材料和时间。例如圆领文化衫的大身样板,按一般的方法进行设计时,需要设计前身和后身两块衣身样板。而采用负样板后,只需要设计一块大身样板和一块领口样板即可。

3.3.2　规格演算法样板设计的方法

（1）服装款式设计

根据设计意图和设计目的画出的服装效果图,是设计者对设计款式具体形象的表达,是款式设计部门与样板设计部门之间传递设计意图的技术文件。

服装效果图进行修改要依据针织内衣结构设计的特点,在不影响整体效果的基础上,对款式中不合理的结构进行修改。例如,对款式中很复杂的曲线用简单的曲线或直线代替。盘料、辅料的选择要根据服装效果图分析服装应该具有的风格特点。然后选择服装的面料、色彩和辅料等,使它们从各个方面都能够充分体现服装的风格,从而使所设计的服装更好地符合设计意图。

款式示意图要根据服装效果图,结合人体的体型特点进行绘制。

（2）平面样板的分解与规格尺寸的确定

分解样板

根据样板设计的原则,仔细分析服装款式示意图,将其分解为若干块平面样板。

确定测量部位与测量方法

用规格演算法进行样板设计时,规格尺寸必须与测量部位相结合,否则规格尺寸将失去意义。我国纺织行业标准中分别对各类针织服装的测量部位作了规定,对于国家标准中没有规定的部位,可参考行业标准或类似产品由企业自行确定。

确定主要部位的规格尺寸

在规格演算法中,规格尺寸的制定是非常重要的,它是设计样板的主要依据,同时也是产品出厂前检验的标准。规格尺寸的来源主要有国家标准、地方标准、企业标准、客供标准和实际测量。对于一些传统的产品,应首先从国家标准或地方标准中选取规格尺寸,如果国家标准和地方标准中没有的,可以通过实际测量或参考以往类似的款式结合经验确定。而对于来样加工的新型款式产品,可以执行客户提供的标准。

绘制系列产品各种规格尺寸表

工业化生产必须满足整个社会各阶层人士对服装的需求,服装作为一种商品,每一个品种的规格必须齐全。为了设计和样板制作的方便,应将该产品各个规格系列、不同部位的规格尺寸绘制成表格,表格中的部位代号应与款式示意图中所标明的测量部位代号相一致。

3.3.3　样板的设计步骤

(1)画出各块分解样板的草图,并根据款式示意图上标出的测量部位及成品的规格尺寸,确定各块样板相应部位的尺寸。

(2)根据所设计的款式,确定长度和宽度方向规格尺寸的修正位。

(3)根据选用的缝迹类型及缝纫设备,确定缝纫损耗值。

(4)根据选用的坯布原料及组织结构等因素,选取工艺回缩率。

(5)根据面料的悬垂性、拉伸性等,确定样板某些部位尺寸的修正值。

(6)计算各块分解样板的尺寸。根据以上工艺设计所确定的测量部位的规格尺寸、缝迹类型、缝纫损耗、缝制工艺回缩率以及产品的款式要求等,计算出每一块分解样板的尺寸和罗纹边口的针数。

(7)绘制每块分解样板的样板图。根据计算所得的样板尺寸,画出每一块样板图。此样板图为毛板,即样板中包含缝耗,裁剪时不需再考虑缝耗。

(8)画样裁剪,小批最试制。按设计的样板画样裁剪,缝制出少量的服装,在缝制过程中要不断地进行抽查,发现问题要及时解决。

(9)修改复制。对试制的样衣,发现有不合理之处,应对样板进行修改,然后再重复进行试制,直到符合要求为止。

(10)排料套料。用修改后的合格样板进行排料和套料,并在此过程中对套弯部分进行修改,以达到省料的目的。因为套弯部分一般无规格要求,这样既可以保证成品的规格尺寸,又能节省面料。

3.3.4　缝制工艺的设计

缝制工艺的设计是根据面料的弹性、厚度、服装的款式要求与缝制的部位等,选择合适的线迹类型和线迹密度;根据面料的厚度,确定使用缝针的号型;根据服装的面料和服装的档次,确定所用缝线的类型;根据线迹结构的要求、本厂现有设备的情况及产品的质量要求,确定所用的设备型号;根据产品的类型、设计产品的工艺流程,排列出生产工艺流程图。

3.4　规格演算法中影响样板尺寸的因素

针织内衣的样板一般不适宜采用净板,而是采用毛板。所谓净板,是指样板的尺寸等于成品的规格尺寸;而毛板是指样板的尺寸除了考虑成品的规格尺寸外,还要考虑影响最终成品尺寸的一切因素。

3.4.1　成品规格

成品规格是样板尺寸设计的主要依据。一些常见款式的传统针织服装主要部位的规格尺寸在相关标准中作了明确的规定。对于一些新型款式的针织服装规格,可以通过客供尺寸、实际测量或借鉴其他类似服装的规格尺寸等方法来获得。

3.4.2 缝纫损耗

缝纫损耗是在缝制过程中所产生的损耗,包括做缝和切条两部分。

做缝的产生有两种情况。一种是衣片合缝时,为了防止缝迹脱边,需要留一定的布边,布边的宽度就是做缝的宽度;另一种是缝迹本身的宽度,如各种包缝线迹及双针绷缝线迹本身的宽度,这个宽度也叫做缝。

有的线迹(如包缝线迹)缝线在缝料边缘相互穿套时,要切掉一部分布边;也有的线迹虽然不包边,但为了边缘的整齐,也需要切掉一部分布边,这些切掉的布边称为切条。

不同的工序、不同的线迹类型和不同的缝纫设备所形成的缝纫损耗是不同的。在计算样板尺寸时,要根据具体情况分别取值。一般单层的包缝缝边为 0.75 cm,拼缝的双针、三针合缝为0.5 cm,双针、三针挽边为 0.5 cm,平缝机折边(汗布、棉毛布、袋、襟等)为 0.75 ~ 1 cm。

3.4.3 服装款式

服装款式不同,对样板尺寸的影响情况是不同的,例如采用罗纹下摆,要在衣长成品规格尺寸的基础上减去罗纹的长度,而采用挽边下摆,则要在衣长成品规格的基础上加挽边宽度。因此,在样板尺寸计算之前,应仔细分析服装款式对样板有什么样的要求、对样板的长度和宽度有无影响以及影响程度如何,在样板计算时,应把影响值计算进去。

3.4.4 工艺回缩

针织面料在裁剪成衣片后,由于受工艺回缩的影响,衣片的长度和宽度会发生变化,因此在设计样板时,必须将工艺回缩考虑进去。

针织面料是由线圈相互穿套形成的,线圈的圈柱和圈弧在一定外力作用下,可以发生相互转移。在编织及染整加工过程中,针织面料由于受到各种力的作用而产生一定的变形,当织物铺平被裁剪成衣片后,织物的内应力得到松弛,缓弹性变形开始恢复。因此,在长度和宽度方向都会产生一定的回缩,这就是工艺回缩(表4-13)。

影响坯布自然回缩率的因素有:①针织坯布的种类、纱线的线密度、织物组织结构及织物密度;②针织坯布的染整加工工艺,包括坯布的轧光方法及坯布的存放形式(平摊放置自然回缩小,卷状放置自然回缩大);③坯布的干燥程度及轧光后的存放时间,一般工艺规定坯布轧光后需至少存放 24 小时;④坯布缝制工艺流程的长短;⑤车间的温湿度条件;⑥裁片印花的花型覆盖面积的大小以及印花与裁片的先后顺序。

表4-13 不同种类针织布的工艺回缩率

坯布类别	自然回缩率(%)	坯布类别	自然回缩率(%)
精漂汗布	2 ~ 2.5	本色棉毛布	6.0
罗纹弹力布	3.0	网眼经编布	2.5
双纱布	2.5 ~ 3	腈纶汗布	3
纬编提花布	2.3 ~ 2.6	印花布(另加)	2 ~ 4
深、浅色棉毛布	2.5	腈纶、腈棉交织棉毛布	2.5 ~ 3
经编(一般织物)	2.2	绒布	2.3 ~ 2.6

3.4.5　针织物的悬垂性

针织物的悬垂性是指针织物在悬挂的时候,由于自身重量的作用,使针织物的长度增加而宽度减小的特性。针织物具有悬垂性的主要原因是织物的线圈结构,由于线圈的圈柱和圈弧在外力作用下可以发生相互转移,当针织物处于悬挂状态时,自身的重量就相当于给织物施加了一个垂直方向的外力,使线圈的圈弧向圈柱方向转移,从而使织物的长度增加而宽度减小。

悬垂性的大小与织物的组织结构、密度、拉伸性和平方米克重有关。一般轻薄、柔软、拉伸性大的织物,悬垂性大;而比较厚重的织物,悬垂性较小。为了弥补悬垂性对产品造成的影响,在样板设计时,通常将悬垂性大的产品在样板长度方向缩短 1 ~ 1.5 cm,宽度方向增加 1 ~ 1.5 cm,同时成品的规格尺寸也要作相应的修改。

3.4.6　针织物的拉伸性

针织物有较大的弹性和延伸性,其对样板尺寸的影响主要表现在斜丝和横向扩张两个方面。

针织品在缝制过程中,由于受缝纫机压脚压力、送布牙送布及人手辅助送布的综合作用,使织物被拉长,从而使规格尺寸大于成品的规格尺寸。被拉长的程度与斜丝部位的长度有关,斜丝部位的尺寸越长,被拉长量也越大。为了弥补在缝制过程中拉伸作用的影响,在样板设计时,应将斜丝部位的尺寸相应地减小一些。一般斜丝尺寸越大,减去的值也越大。

在缝制领口、袖口、裤口以及下摆等经常受到拉伸部位的罗纹织物时,由于受到横向拉伸扩张的影响,往往使罗纹边口的横向尺寸变大,长度方向的尺寸变短。为了弥补横向拉伸扩张的影响,在进行罗纹边口样板长度设计时,应加上一个适当的数值进行修正。修正值一般为 0.75 ~ 1.25 cm,拉伸扩张大的部位取值可大一点。

3.5　规格演算法中样板尺寸的计算方法

3.5.1　样板长度方向尺寸的计算方法

（1）样板衣长（袖长）尺寸计算

影响样板衣长（袖长）尺寸的因素有成品规格、服装款式、缝耗和工艺回缩,不同的服装款式对样板衣长（袖长）的影响不同,需视情况而定,缝耗的存在使样板尺寸需要增大尺寸,工艺回缩的存在使实际样板尺寸要比理论样板尺寸加大,故样板长度为:

$$样板衣长（袖长） = （成品规格 \pm 款式要求 + 缝耗） \times （1 + 工艺回缩率）$$

（2）衣身样板挂肩尺寸计算

装袖类服装影响衣身样板挂肩尺寸的因素有成品规格和缝耗。影响衣身挂肩尺寸的缝耗有两个。一个是合腰所产生的缝耗,它使袖挂肩的尺寸减小;另一个是缩袖缝耗,它使袖挂肩的尺寸增加。综合考虑这两个缝耗,由经验得出,装袖类服装衣身样板挂肩的缝耗约为 0.5 ~ 0.75 cm。一般的短袖,采用薄型且易拉伸的面料时,缝耗为 0.5 cm,采用较厚面料时,缝耗为 0.75 cm。

在装袖类服装衣身样板挂肩尺寸的计算中,没有考虑工艺回缩。这是因为挂肩处是斜丝,有一定的拉伸扩张,又因挂肩倾斜的程度不大,斜丝的拉伸扩张量也不会很大,该扩张量基本与工艺回缩量相抵消。因此,装袖类服装衣身样板挂肩尺寸的计算公式为:

$$衣身样板挂肩尺寸 = 成品规格 + 缝耗$$

背心类服装的袖挂肩有挽袖边、上罗纹袖边和滚袖边等款式,不同的款式对袖挂肩尺寸的影响情况不同,因此,背心类服装衣身样板挂肩尺寸的计算要考虑款式要求。背心类服装的挂肩尺寸一般较大,拉伸扩张量也较大。因此不考虑工艺回缩,而要考虑拉伸扩张量。背心类服装衣身样板挂肩尺寸的计算公式为:

$$衣身样板挂肩尺寸 = 成品规格 \pm 款式要求 + 缝耗 - 拉伸扩张$$

(3) 衣袖样板挂肩尺寸的计算

衣袖样板挂肩尺寸的计算公式为:

$$衣袖样板挂肩尺寸 = 成品规格 + 缝耗 + 回缩(0.5 \sim 0.75 \text{ cm})$$

3.5.2　样板胸宽的计算

设计样板胸宽尺寸时,除了要考虑影响样板胸宽尺寸的因素外,还要特别注意面料幅宽的选择,因为胸宽尺寸是决定使用面料幅宽的主要依据。

针织物的幅宽基本上是以 2.5 cm 为档差进行变化的,但是针织服装的款式不同,样板胸宽的计算方法也有所不同。

(1) 合腰产品

合腰产品在进行缝合时一般采用包缝机,包缝每边的缝耗量为 0.75 cm。合腰产品的缝耗左右各一个,两个缝耗共计 1.5 cm。宽度方向的工艺回缩一般不以回缩率计算,根据经验值,衣身样板的横向回缩量一般区 1 cm。这样,缝耗和回缩量两个因素的值合计为 2.5 cm,正好等于净坯布幅宽的档差。因此,合腰类产品样板胸宽的计算公式为:

$$样板胸宽 = 成品胸宽规格尺寸 + 2.5 \text{ cm}$$

(2) 圆筒形产品

圆筒形产品也称圆腰产品,是以圆筒形净坯布作胸围,两侧不需要缝合,因此不存在缝耗。圆筒形产品计算样板尺寸时也不考虑回缩,工艺回缩可以通过轧光时将幅宽轧大一些来解决。因此,圆筒形产品的样板胸宽就等于成品胸宽规格尺寸。即:

$$样板胸宽 = 成品胸宽规格尺寸$$

3.5.3　样板边口罗纹尺寸的计算

(1) 罗纹边口宽度的设计

针织服装的领口、袖口、裤口和下摆等部位经常使用罗纹组织作为边口。由于罗纹组织的弹性好、延伸性大,因此,幅宽不易控制。在进行针织服装样板罗纹边口宽度的设计时,一般不计算样板的尺寸,而是以编织边口罗纹的罗纹机针筒直径来表示幅宽的大小。

在进行罗纹边口设计时,应根据产品的规格、面料的组织、编织罗纹组织所用纱线的线密度来选择所需要的罗纹机的针筒针数。

(2) 罗纹边口长度的设计

影响罗纹边口长度的因素有罗纹边口的成品规格、缝纫损耗以及缝制时的横向拉伸。罗纹边口通常采用包缝机,其缝纫损耗为 0.75 cm。考虑到罗纹织物较大的弹性和延伸性,在计算罗纹边口长度时应加上一个横向扩张修正值,大小一般为 0.75 ~ 1.25 cm。罗纹边口一般都采用

双层,因此在计算罗纹长度时应加倍。样板的领口罗纹、袖口罗纹、裤口罗纹以及下摆罗纹长度的计算方法如下:

$$样板领口罗纹长度 = [成品规格 + 缝耗 + 缝制横向拉伸(0.75\ cm)] \times 2$$

$$样板袖口罗纹长度 = [成品规格 + 缝耗 + 缝制横向拉伸(0.75\ cm)] \times 2$$

$$样板裤口罗纹长度 = [成品规格 + 缝耗 + 缝制横向拉伸(1.25\ cm)] \times 2$$

$$样板下摆罗纹长度 = [成品规格 + 缝耗 + 缝制横向拉伸(1\ cm)] \times 2$$

4　技能训练

(1) 什么是规格演算法结构设计?

(2) 规格演算法中影响样板尺寸的因素有哪些?

任务四　规格演算法衣身结构设计

1　任务描述

在进行针织服装的衣身结构设计时,要考虑针织服装的款式对各部位样板尺寸的影响,主要有下摆的形式、衣领的款式、袖子的样式、是否合肩合腰等影响因素。因此,在进行针织服装结构设计前,首先要分析针织服装的款式,看款式因素对各部位样板尺寸的影响怎样。

2　任务目的

通过该任务的学习与锻炼,掌握针织服装衣身结构设计的方法,能够根据不同款式的针织服装进行衣身结构的设计。

3　知识准备

3.1　款式分析

在进行衣身结构设计前,首先要分析衣服款式中影响衣身样板尺寸的因素,包括领型、下摆、是否合肩合腰等。凡是款式中有使样板尺寸变大(小)的因素,就要在样板尺寸中减去(加上)相应的值。

在影响样板尺寸的因素中,还有一个是工艺回缩。对于一些新型的面料,可通过实际测量得到其工艺回缩率,方法如下:在成卷的坯布上剪下若干块相当于衣片长度的试样,测量其长度,自然放置24～48小时后,再测量其长度,然后用工艺回缩率的计算公式计算出面料的回缩率。

$$坯布的工艺回缩率 = 缝制后的自然回缩量/(裁片长度 - 缝纫损耗) \times 100\%$$

3.2　样板衣长尺寸计算

在样板衣长尺寸的计算中,影响样板尺寸长度的因素主要有成品规格尺寸、合肩情况、下摆款式、面料工艺回缩；成品规格尺寸可以查阅相关国家、行业、企业标准，或者参照实测尺寸。

3.2.1　合肩情况的影响

从合肩情况来看，主要可以分为连肩产品和斜肩产品两种。

（1）连肩产品

连肩产品的肩部呈水平状态，衣身的前、后片在肩部是连成一体的，不需要缝合，故此处不产生缝耗。因此，计算样板的衣长时，只需要根据所采用的下摆类型，考虑下摆处的缝耗。

（2）斜肩产品

斜肩产品的前、后是分开的，在肩部需要进行缝合。因此，在肩部会对样板衣长产生一个合肩缝耗。合肩一般都采用包缝，缝耗值为 0.75 cm。在进行斜肩产品的样板衣长尺寸计算时，需要加上一个合肩缝耗 0.75 cm。

3.2.2　下摆款式的影响

衣身的下摆款式可以分为罗纹边、挽边、滚边三种。

（1）罗纹边下摆

根据衣长的测量部位和测量方法，罗纹边下摆款式的衣长中包含着罗纹边的长度，因此在计算样板衣长尺寸的时候需要减掉罗纹边的长度，再加上一个绱罗纹缝耗，绱下摆罗纹一般用三线包缝，缝耗为 0.75 cm。

（2）挽边下摆

不考虑其他影响因素，挽边下摆款式的成品衣长比样板衣长少了一个挽边宽和挽边缝耗。因此，在计算样板衣长尺寸时，需要加上一个挽边宽和挽边缝耗，挽边一般用绷缝，缝耗为 0.5 cm。

（3）滚边下摆

滚边在针织服装边口形式中很多见，有实滚和虚滚之分。实滚时，滚边布紧贴裁片的边缘将裁片包住，滚边布与裁片边缘几乎完全重合，两者之间不留间隙。因此，实滚时裁片不产生缝耗，只有在滚边布特别厚时，才需要减去滚边布的厚度。

虚滚时，滚边布不是紧贴在裁片的边缘，只有滚边布与裁片边缘缝合的部分，滚边布才与裁片重合。裁片边缘与滚边布边之间有较大的间隙，该间隙称为虚出部分，这部分仅为滚边布。虚滚时的滚边规格为缝合后滚边布的宽度，一般为 2.5 cm，裁片的缝纫损耗为裁片与滚边布重叠的部分，约为 1 cm。考虑到虚滚下摆的影响，在计算样板衣长尺寸时，需减掉一个滚边成品规格，再加上虚滚重叠部分宽度。

3.3　样板胸宽尺寸的计算

样板胸宽尺寸主要受成品规格尺寸、合腰情况、工艺回缩的影响。合腰情况主要为合腰产品和圆筒形产品两种。

合腰产品的前后衣片需要缝合，左右两侧各产生一个合腰缝合，合计 1.5 cm，工艺会缩量为 1 cm，故合腰产品的样板胸宽尺寸计算时加上 2.5 cm。圆筒形产品的衣身无需缝合，样板胸宽尺寸就等于成品胸宽尺寸。

3.4　衣身样板挂肩尺寸的计算

按袖子类型来分，有装袖类产品和插肩袖产品之分，插肩袖没有挂肩尺寸，取代为袖肥尺寸，装袖类产品的挂肩尺寸还需要考虑合肩情况。

连肩情况下,装袖类产品的挂肩为斜丝,但倾斜程度不大,故不考虑回缩,也不考虑拉伸。衣身样板挂肩尺寸在计算时仅需加上一个综合缝耗值,短袖产品的缝耗值为 0.5 cm,长袖产品的缝耗值为 0.75 cm。

合肩情况下,由于合肩缝耗使挂肩尺寸减小,因此在计算挂肩尺寸时,要在原来综合缝耗的基础上加上合肩缝耗 0.75 cm。

3.5　衣身样板挖肩尺寸的计算

在衣身挂肩与袖子连接处,为了使服装穿着后适体、美观、舒适,而在衣身上挖掉的部分叫挖肩。挖肩尺寸等于大身挂肩凹进最深点与腰缝间的距离。此值受两个因素影响:一个是挂肩处绱袖时的缝耗,它使挖肩的尺寸增加;另一个是合腰缝耗,它使挖肩的尺寸减小。

对于合腰产品来讲,绱袖与合腰一般都用包缝机,因此缝耗大小相等,即减小与增加的值大小相等,衣身样板挖肩的尺寸等于成品挖肩规格。

圆筒形产品不需要合腰缝,但绱袖处仍然有缝耗,该缝耗能使挖肩尺寸增大。因此,在计算样板挖肩尺寸时,应将绱袖缝耗值减去,绱袖采用三线包缝,缝耗为 0.75 cm。

3.6　样板罗纹下摆尺寸的计算

对于罗纹下摆的产品来说,还要计算样板下摆罗纹长度和罗纹的针数。长度尺寸需要考虑加上绱罗纹缝耗 0.75 cm 和横向扩张拉伸 1 cm,以及双层下摆。

罗纹下摆的针数可以通过查表获得。

3.7　衣身样板领宽、领深的计算

在针织服装的结构设计中,领样板为负样板,可以直接在衣身样板上挖出领子的形状。领窝样板的基本尺寸有领宽和前、后领深。在衣身样板设计中,只涉及到领宽。

领口是横丝,一般不考虑回缩。添领产品对领宽没有款式要求。挖领主要有罗纹领、滚边领及挽边领。罗纹领的测量部位在领子与衣身的缝合处,因此也没有款式影响。滚边领如果是实滚时,滚边布的厚度会使领宽变小,因此在计算样板领宽时,应加上滚边布的厚度;滚边领如果是虚滚,虚出部分使领宽变小,在计算样板领宽时,应加上虚出的部分。挽边领由于挽进的宽度使领宽变大,因此,在计算样板领宽时应减去挽边的宽度。绱罗纹领时,在领宽的两侧各产生一个缝耗,缝耗使领宽变大,因此在计算样板领宽时,应减去两个绱领缝耗值。

3.8　肩斜的确定

肩斜的表示方法有两种。一种是用从肩斜线最高点引出的水平线与肩斜线最低点的距离表示,另一种是用从肩斜线最高点引出的水平线与肩斜线之间的夹角来表示。国家标准中没有规定针织内衣的肩斜值,若肩斜值没有特别的规定,设计样板时可以根据产品的款式以及经验来确定。针织内衣产品的肩斜值一般为 2~5 cm,通常取 3 cm 左右。

4　技能训练

4.1　技能训练实例

4.1.1　T恤衫衣身样板结构设计

试进行如下款式 T 恤衫的衣身结构图绘制,滚边领、折边袖、折边下摆,斜肩、合腰,精漂汗布的面料,成品规格尺寸如下表:

表 4-14　170/88A 成品规格　　　　　　　　　　　　　　　单位:cm

部位	规格	部位	规格	部位	规格
衣长	70	胸宽	56	袖长	62
挂肩	26	袖口宽	18	领宽	19
前领深	8	后领深	1.5	折边宽	2
挖肩	3	肩斜	3.5	袖长	22

（1）样板尺寸计算

样板衣长 =（成品衣长 + 合肩缝耗 + 折边宽 + 折边缝耗）×（1 + 2.2%）

　　　　 =（70 + 0.75 + 2 + 0.5）×（1 + 2.2%）= 74.86 cm,取 75 cm

样板胸宽 = 成品胸宽 + 2.5 = 56 + 2.5 = 58.5 cm

样板挂肩 = 成品挂肩 + 合肩缝耗 + 综合缝耗 = 26 + 0.75 + 0.5 = 27.25 cm

样板领宽 = 成品领宽 = 19 cm,忽略布的厚度

样板前领深 = 成品前领深 + 合肩缝耗 = 8 + 0.75 = 8.75 cm

样板后领深 = 成品后领深 + 合肩缝耗 = 1.5 + 0.75 = 2.25 cm

衣身样板挖肩 = 成品挖肩 = 3 cm

（2）结构图绘制（图 4-9）

绘图步骤:

以样板衣长为长、1/2 样板胸宽为宽,做矩形 ABCD;

在 AB 线段上,找一点 F,距离 A 点为 1/2 样板领宽,则 AF 即为 1/2 样板领宽;

在 AD 线段上,找点 A_1、A_2,分别使其距离 A 点为样板后领深和样板前领深;

根据领窝款式,用曲线分别连接 F 点和 A_1 点,F 点和 A_2 点,形成后领弧线和前领弧线;

在 BA 线段上找一点 B_1,距离 B 点为衣身样板挖肩值,并过 B_1 点做 AB 线段的垂线 BB_3;

在 BB_3 线段上找 B_2 点,使 B_2 点距离 B_1 点为肩斜值,连接 F 点和 B_2 点;

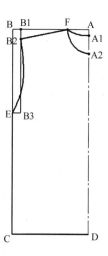

图 4-9　样板结构图

以 B_2 点为圆心,衣身样板挂肩尺寸为半径做弧交 BC 与 E 点,根据袖窿弧形状用圆滑的曲线将 B_2 点和 E 点连接起来;

则 A_1FB_2ECD 为衣身后片样板结构图,A_2FB_2ECD 为衣身前片样板结构图。

4.1.2　插肩袖男衫样板结构设计

试进行 18 tex 汗布、170/95 罗纹领罗纹下摆合腰插肩袖男衫的样板设计,已知成品规格尺寸如表 4-15 所示:

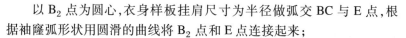

表 4-15　插肩袖成衣规格　　　　　　　　　　　　　　　　单位:cm

部位	衣长	胸宽	领宽	前领深
尺寸	69	47.5	13	5
部位	后领深	罗纹下摆	成品后袖领头	袖口螺纹
尺寸	3.5	10	4	7

（1）款式分析（图4-10）

本款插肩袖产品为罗纹领、罗纹下摆、罗纹袖口、合腰款式。

插肩袖款式中,衣长是由衣身部分和袖子的一部分共同组成。影响样板衣长的因素除了成品衣长规格、款式要求、缝纫损耗和工艺回缩外,还有领窝的形状、插肩袖斜挂肩的倾斜度等因素。

在插肩袖中,与领子缝合在一起的袖子部位为袖领头。插肩袖产品的衣长由衣身和袖

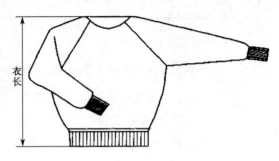

图4-10　插肩袖长袖衫

领头两部分组成,斜挂肩的倾斜度不同时,袖领头的长度也不同,样板衣长亦将不同。同时,领窝形状不同会直接影响样板衣长,而且插肩袖产品的前、后身样板衣长通常不同,故应分别设计。

（2）样板尺寸计算

① 样板衣长尺寸

插肩袖产品的衣长由衣身和袖领头(与领子缝合在一起的袖子部分)两部分组成,但在成品规格中两者合为一体。为简化计算,在样板尺寸计算时,仍将衣身和袖领头部分和在一起,实际样板画图时确定。

样板衣长 = （成品衣长 − 罗纹下摆长 + 绱罗纹下摆的缝耗）×（1 + 回缩率）

= （69 − 10 + 0.75）×（1 + 2.2%）= 61.06 cm,取 61 cm

② 样板胸宽尺寸

样板胸宽尺寸 = 成品胸宽 + 2.5 cm = 47.5 + 2.5 = 50 cm

③ 样板领宽尺寸

样板领宽 = 成品领宽规格 − 绱领缝耗 = 13 − 0.75 = 12.25 cm

④ 样板领深尺寸

样板前领深 = 成前后领深 − 绱领缝耗 = 5 − 0.75 = 4.25 cm

样板后领深 = 成品后领深 − 绱领缝耗 = 3.5 − 0.75 = 2.75 cm

⑤ 样板后领弧线的长度

样板后领弧线长度 = 成品后袖领头规格 − 绱袖缝耗 = 4 − 0.75 = 3.25 cm

⑥ 样板袖肥的计算

在插肩袖产品中,没有明显的肩袖点及挂肩,挂肩通常用袖肥来表示,其为袖子与衣身缝合的最低点到袖中线的垂直距离。袖肥值在国家标准中没有给出,一般参考相同规格装袖产品的挂肩尺寸来确定。

$$样板袖肥 = 成品袖肥 - 绱袖缝耗 = 23 - 0.75 = 22.25\,cm$$

⑦ 肩斜值的确定

国家标准中没有规定肩斜值大小,根据款式本款选择 3 cm。

⑧ 样板参考挖肩值

插肩袖产品没有挖肩,参考相同规格装袖产品挖肩值取 2.5 cm。

（3）衣身样板的制图（图 4-11）

衣身样板制图具体步骤:

作基准线（1）和下平线（2）,两线相交于 O 点;在基准线（1）上量取 OA 等于样板衣长,并过 A 点作上平线（3）;在上平线（3）上量取 AB 等于 1/2 样板胸宽,并过 B 点作 OA 的平行线（4）,与下平线（2）相交于是 C 点;OABC 是一个以样板衣长为长、1/2 样板胸宽为宽的矩形;过 A 点在 AB 线上量取 AD 等于1/2样板领宽;过 B 点在上平线（3）上量取 BE 等于样板参考挖肩值,并过 E 点做线（5）平行于基准线（1）;由 E 点向下在线（5）上量取 EF 等于肩斜值,然后连接 DF,DF 即为肩斜线,将其延长即为袖中线（6）;在袖中线（6）的下方作其平行线（7）,使两线之间的距离等于样板袖肥尺寸,线（7）与线（4）相交于 G 点;在基准线（1）上过 A 点向下量取 AH 等于样板后领深,并用圆顺的弧线将 DH 连接起来,作出后领弧线;在后领弧线上量取 DI 等于成品的后袖领头规格减去缝耗,然后连接 IG,则 OHIGCO 即为后身样板图。

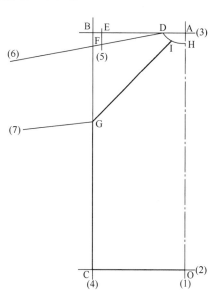

图 4-11　衣身结构图

前身样板可以在前领窝样板作好后,用前领窝样板在后身样板的基础上作出。

4.2　技能训练题

（1）请进行如下 165/84A 女中长圆领衫**连肩合腰**款式衣身样板设计,写出完整的样板尺寸计算过程并绘制结构图。

衣身使用 18 tex 汗布,工艺回缩率为 2.2%,下摆采用罗纹下摆,成衣规格如表 4-16 所示。

表 4-16　连肩合腰圆领衫成衣规格尺寸表　　　　　单位:cm

测量部位	衣长	下摆罗纹	胸宽	挂肩	领宽	前领深	后领深
尺寸	65	10	45	22	13	10	4

（2）请进行如下 165/84A 女中长圆领衫**斜肩合腰**款式衣身样板设计,写出完整的样板尺寸

计算过程并绘制结构图。

衣身使用 18 tex 汗布,工艺回缩率为 2.2%,下摆采用挽边下摆,成衣规格如表 4-17 所示。

表 4-17 斜肩合腰圆领衫成衣规格尺寸

单位:cm

测量部位	衣长	挽边宽	胸宽	挂肩	领宽	前领深	后领深
尺寸	65	2.5	45	22	13	10	4

（3）请进行 165/84A 女中长圆领衫**圆筒形腰身**款式衣身样板设计,写出完整的样板尺寸计算过程并绘制结构图。

衣身使用 18 tex 汗布,工艺回缩率为 2.2%,下摆采用虚滚下摆,虚滚重叠部分宽度为 1 cm,成衣规格如表 4-18 所示。

表 4-18 圆筒形腰身圆领衫成衣规格尺寸

单位:cm

测量部位	衣长	胸宽	挂肩	领宽	前领深	后领深
尺寸	65	45	22	13	10	4

任务五 规格演算法衣袖结构设计

1 任务描述

在进行针织服装的衣袖结构设计时,要注意与衣身结构图的连接和配合。根据袖子与衣身的连接方式不同,针织服装常见的袖子形式可分为装袖、插肩袖和连身袖三种。装袖类针织服装有明显的挂肩和袖窿弧线,插肩袖类针织服装的袖子为衣身的一部分,连袖类服装袖子和衣身连为一体,二者没有明显的挂肩。

2 任务目的

通过该任务的学习与锻炼,掌握针织服装衣袖结构设计的方法,能够根据不同款式的针织服装进行衣袖结构的设计。

3 知识准备

3.1 款式分析

针织服装袖子款式有装袖、插肩袖、连袖三大类。插肩袖作为单独的袖样板会在本章节技能训练中讲解,装袖常用的袖口有罗纹袖口、滚边袖口和挽边袖口。影响装袖各部位样板尺寸的因素有成品规格、款式要求、缝耗和工艺回缩。

3.2 样板袖长尺寸计算

样板袖长的计算与样板衣长的计算方法相似,同时根据袖长成品尺寸的测量,影响样板袖长尺寸的因素有成品规格、缲袖缝耗、袖口款式、工艺回缩。

缲袖缝耗的存在使得袖样板尺寸变大,因此在计算袖样板衣长时,要在成品规格尺寸上加上一个缲袖缝耗。

袖口款式的不同影响样板袖长尺寸的计算,其计算思路与样板衣长的计算相同,加即为加上使样板尺寸变大的因素值,减去使样板尺寸变小的因素值。

工艺回缩与袖子所使用的面料有关系,可从相关表格中查取。

因此,样板袖长的计算公式为:

$$样板袖长 = (成品袖长规格 + 款式要求 + 缝耗) \times (1 + 回缩率)$$

3.3　样板袖挂肩尺寸计算

影响样板袖挂肩尺寸的主要因素是缲袖缝耗,除此之外,合袖缝耗和工艺回缩对其也有一定的影响。由于挂肩尺寸不太大,工艺回缩一般不按回缩率计算,而是取一定的数值。根据经验,通常将回缩和合袖缝耗结合在一起考虑,根据坯布回缩量的大小,在 0.5 ~ 0.75 cm 取值,这与衣身挂肩样板尺寸不同。

$$样板袖挂肩尺寸 = 成品袖挂肩规格 + 缲袖缝耗 + 回缩量(0.5 ~ 0.75 \text{ cm})$$

3.4　样板袖口尺寸的计算

影响样板袖口尺寸的因素有成品规格、合袖缝耗及回缩量。因为袖口尺寸较小,工艺回缩的影响可直接考虑一个回缩量 0.25 cm。

$$样板袖口尺寸 = 成品袖口尺寸 + 合袖缝耗 + 回缩量(0.25 \text{ cm})$$

3.5　样板袖山高和袖肥的计算

袖山高是指袖片最高点与袖片最阔处所引出的水平线之间的距离,其大小影响袖子的形状及穿着舒适性。袖山高尺寸在成品尺寸中一般不反映,但是袖山高的大小对袖子形状、服装造型有显著的影响。

袖肥指的是袖片最宽处的宽度,袖肥在成品尺寸中一般也不反映,但它和袖山高一起制约着袖子的形状及舒适性。在挂肩尺寸一定的情况下,袖山高与袖肥的关系成反比。袖山越高袖肥越小,袖子越合体;袖山越低袖肥越大,袖子越宽松。

袖山高与袖肥的大小以衣身袖窿弧长为依据计算而得。前后衣身袖窿弧线之和用 AH 表示,一般合体型袖子的袖山高大小定为 $\frac{AH}{3}$,较宽松型袖子的袖山高为 $\frac{AH}{4}$ ~ $\frac{AH}{5}$,宽松型袖子的袖山高小于 $\frac{AH}{5}$。

4　技能训练

4.1　技能训练实例

4.1.1　衣袖样板结构设计

试进行如下款式 T 恤衫的衣袖结构图绘制,滚边领、折边袖、折边下摆,斜肩、合腰,精漂汗布的面料,成品规格尺寸如表 4-19 所示。

表 4-19　170/88A 成品规格

部位	规格(cm)	部位	规格(cm)	部位	规格(cm)
衣长	70	胸宽	56	袖长	62
挂肩	26	袖口宽	18	领宽	19
前领深	8	后领深	1.5	折边宽	2
挖肩	3	肩斜	3.5	袖长	22

（1）样板尺寸计算

样板袖长 =（成品袖长 + 绱袖缝耗 + 折边宽 + 折边缝耗）×（1 + 2.2%）

　　　　 =（22 + 0.75 + 2 + 0.5）×（1 + 2.2%）= 25.81 cm,取 26 cm

样板袖挂肩 = 成品袖挂肩 + 绱袖缝耗 + 回缩量 = 26 + 0.75 + 0.5 = 27.25 cm

样板袖口宽 = 成品袖口宽 + 合袖缝耗 + 回缩量 = 18 + 0.75 + 0.25 = 19 cm

样板袖山高取 $\dfrac{AH}{5}$。

（2）衣袖样板结构图绘制（图 4-12）

绘图步骤：

作垂线 AB 与水平线 CO 相交于点 O,在 OA 上找一点 A,使 $OA = \dfrac{AH}{5}$,则 OA 为袖山高；

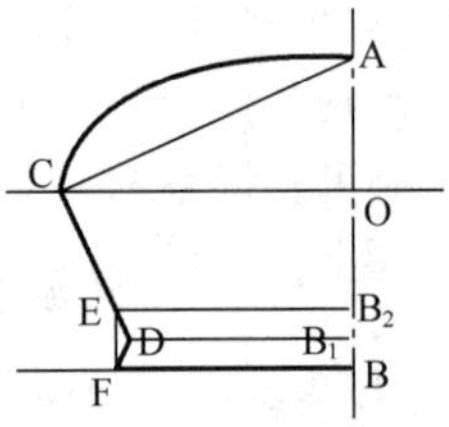

图 4-12　衣袖样板结构图

以 A 点为圆心,以衣袖的样板挂肩为半径作圆,交 OC 于 C 点,用圆滑的弧线连接点 A 和点 C；

在 AB 线上找一点 B 使 AB 等于样板衣袖长度；

在 BO 方向找一点 B_1,是 BB_1 = 折边宽 + 折边缝耗,过 B_1 点作 OC 的平行线,并且取 B_1D = 样板袖口尺寸,连接 CD；

在 B_1O 方向,找一点 B_2,使 $B_1B_2 = B_1B$,过 B_2 点作 OC 的平行线,交 CD 与 E 点；

过 E 点作垂线,交 BF 水平线与 F 点,则 ACDFBO 即为 1/2 袖片结构图。

4.1.2　插肩袖款式衣袖样板结构设计

插肩袖款式的衣袖结构图要在衣身结构图基础上制作,借用上一个任务中插肩袖产品的款式。

试进行 18 tex 汗布、170/95 罗纹领罗纹下摆合腰插肩袖男衫的衣袖样板设计,已知成品规格尺寸如表 4-20 所示：

表 4-20　插肩袖成衣规格　　　　　　　　　　　　单位:cm

部　位	袖　长	袖　口	领　宽	前领深
尺　寸	59	10	13	10
部　位	后领深	罗纹下摆	成品后袖领头	袖口螺纹
尺　寸	3.5	10	4	6.5

（1）款式分析（图4-13）

本款插肩袖产品为罗纹领、罗纹下摆、罗纹袖口、合腰款式。

国家标准中规定插肩袖袖长的测量部位从后领的中点量至袖口边处，故样板袖长与领宽无关。但是插肩袖没有袖挂肩，取而代之的袖肥尺寸一般不给出，设计时参考同规格装袖产品的挂肩尺寸。

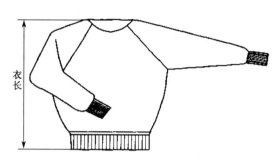

图4-13　插肩袖款式图

（2）样板尺寸计算

① 样板袖长尺寸

影响样板袖长的因素有成品规格、领宽、袖口的类型、缝耗和工艺回缩率，计算公式如下：

$$样板袖长 = （成品袖长 - 1/2 领宽 - 袖罗纹长 + 绱领缝耗 + 绱袖罗纹缝耗）$$
$$\times（1 + 回缩率）$$
$$=（59 - 13/2 - 6.5 + 0.75 + 0.75）\times（1 + 2.2\%）$$
$$= 48.6\,cm，取 49\,cm$$

② 样板袖肥尺寸

插肩袖成品袖肥规格的确定方法与插肩袖产品衣身样板设计的确定方法相同，取为23 cm，同时影响样板袖肥尺寸的因素有成品规格、绱袖缝耗及回缩量。

$$样板袖肥尺寸 = 成品袖肥尺寸 + 绱袖缝耗 + 回缩量 = 23 + 0.75 + 0.5 = 24.25\,cm$$

③ 样板袖领头宽尺寸

$$样板袖领头宽 = 成品袖领头宽规格 + 绱袖缝耗 = 4 + 0.75 = 4.75\,cm$$

④ 样板袖口尺寸

$$样板袖口尺寸 = 成品袖口尺寸 + 绱袖缝耗 + 回缩量 = 10 + 0.75 + 0.5 = 11.25\,cm$$

⑤ 样板袖中线倾斜度的确定

样板袖中线的倾斜角度与插肩袖产品衣身样板的肩斜角度相同。

（3）衣身样板的制图（图4-14）

在插肩袖衣身结构图中已经得出衣身样板的垂直平分线（1）、肩平线（2）、侧缝线（3）、肩斜线（4）。

绘图步骤：

延长肩线（4），使 AB 的长度等于样板袖长，过 B 点作袖中线的垂直线（5）；

过 B 点在袖中线上量取 BC 等于3 cm 加袖口罗纹缝耗0.75 cm，过 C 点作线（6）平行于线（5），在线（6）上量取 CD 等于样板袖口

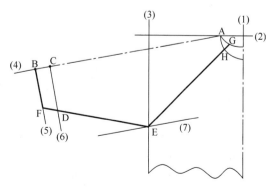

图4-14　插肩袖衣袖结构图

尺寸；

在袖中线的下方作线(7)平行于线(4)，使两线间的距离等于样板袖肥尺寸。线(7)与侧缝线相交于 E 点；

连接 DE 并延长，与线(5)相交于 F 点；

分别用前领窝样板和后领窝样板在前身样板、后身样板上作出前领弧线和后领弧线；

在后领弧线上取 AG 弧长等于样板后袖领头宽尺寸，连接 GE，与前领弧线相交于 H 点，则 ABFEHA 为前袖片样板图，ABFEGA 为后袖片样板图。

4.2　技能训练题

(1) 试进行如下款式 T 恤衫的衣袖结构图绘制，滚边领、滚边袖、滚边下摆，斜肩、合腰，精漂汗布的面料，成品规格尺寸如表 4-21 所示。

表 4-21　170/88A 成品规格　　　　　　　　　　　　　单位：cm

部位	规格	部位	规格	部位	规格
衣长	70	胸宽	56	袖长	62
挂肩	26	袖口宽	18	领宽	19
前领深	8	后领深	1.5	袖长	22
挖肩	3	肩斜	3.5		

(2) 试进行如下款式 T 恤衫的衣袖结构图绘制，罗纹领、罗纹袖、罗纹下摆，斜肩、合腰，精漂汗布的面料，成品规格尺寸如表 4-22 所示。

表 4-22　170/88A 成品规格　　　　　　　　　　　　　单位：cm

部位	规格	部位	规格	部位	规格
衣长	70	胸宽	56	袖长	62
挂肩	26	袖口宽	20	领宽	19
前领深	8	后领深	1.5	袖长	22
罗纹下摆高	7	罗纹袖口高	5	罗纹领高	2
挖肩	3	肩斜	3.5		

任务六　规格演算法衣领结构设计

1　任务描述

针织服装的领子形状有很多，但可以归纳为两大类，即挖领和添领。挖领是指在衣身的脖颈部位直接挖出各种形状的领窝，再对领口的边缘进行不同的处理，常见有罗纹领、滚边领和外加各种花边的领子。添领是在挖好的领窝处缝上已经做好的领子。领子的色彩和面料可以与衣身相同,也可以不同。

2   任务目的

通过该任务的学习与锻炼,掌握针织服装领窝的样板设计,能够根据不同类型的领子进行针织服装衣领结构设计。

3   知识准备

针织服装的领子分为挖领和添领两类,其共同点是都需要在衣身上设计出领窝。但对于衣身样板来讲,领窝是要裁剪掉的部分,是负样板,这与衣身的实样板恰巧相反。

针织服装样板设计的一大特点即为"负样板"设计,说的就是领窝样板。领窝结构设计时,样板尺寸计算需要考虑的因素有成品规格、款式(滚边、罗纹边等不同款式要求)、缂领缝耗、合肩缝耗。对于负样板来说,要特别注意分析缝耗对领子成品规格的影响。另外,由于人体是左右对称的,因此在进行领子样板设计时,一般只设计一半的样板。

3.1   圆领领窝样板设计

(1)款式分析与样板尺寸计算

圆领根据形状的不同可以分为扁圆领和长圆领,根据边口形式的不同可以分为折边领、滚边领和罗纹领。不管哪一种领型,进行样板设计需要计算样板领宽、样板前领深和样板后领深三个尺寸。在样板尺寸计算时,需要注意负样板要求与各影响因素之间的关系,其计算的思路同衣身样板尺寸计算。

(2)结构图绘制(图4-15~图4-16)

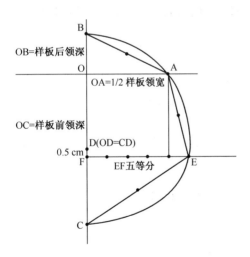

图4-15   连肩款式圆领领窝样板

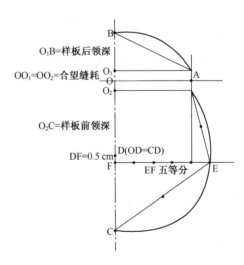

图4-16   合肩款式圆领领窝样板

3.2   一字领领窝样板设计

(1)款式分析与样板尺寸计算

一字领的特点是领宽较大、前领深较小、穿后前后领几乎呈"一"字型的水平状。其边口形式有罗纹边、滚边等各种形式。一字领的样板尺寸计算方法与圆领相同,若为合肩款式在结构图绘制时需要考虑合肩缝耗。

（2）结构图绘制（图4-17）

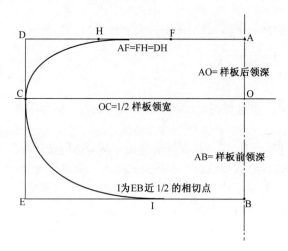

AF=FH=DH

AO=样板后领深

OC=1/2 样板领宽

AB=样板前领深

I为EB近1/2 的相切点

图4-17　一字领领窝样板

3.3　鸡心领和 V 字领领窝样板设计

（1）款式分析与样板尺寸计算

鸡心领和 V 字领的区别主要在于前领斜边弧度的大小,鸡心领的前领斜边弧度大、V 字领的前领斜线接近直线。两种领型的边口可以是罗纹、滚边或者贴边等多种形式,其样板尺寸计算时注意不同款式对样板尺寸的要求,亦与圆领的样板设计相同,若为合肩款式在结构图绘制时需要考虑合肩缝耗。

（2）结构图绘制（图4-18～图4-19）

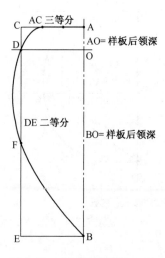

AC 三等分

AO= 样板后领深

DE 二等分

BO= 样板后领深

图4-18　鸡心领领窝样板

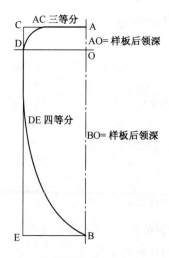

AC 三等分

AO= 样板后领深

DE 四等分

BO= 样板后领深

图4-19　V 字领领窝样板

3.4 三扣翻领样板设计

（1）款式分析与样板尺寸计算（表4-24）

三扣翻领款式的领子一般采用横机领，也可以用同色或异色布制成后用平缝机绱在衣身的领窝上。三扣翻领样板的设计一般包括前、后领窝样板，门襟孔样板，门襟样板和领条样板。另外，三扣翻领款式多为合肩产品，计算样板领深时需要考虑合肩缝耗。

在三扣翻领样板的设计中有负样板，也有实样板。其中前、后领窝的样板是要在衣身上挖掉的部分，属于负样板，其样板领宽、前后样板领深的计算同前述。门襟孔样板亦为负样板，样板门襟孔长＝成品门襟长规格－绱门襟底缝耗＋绱领缝耗，1/2样板门襟孔宽＝1/2成品门襟款规格－绱门襟缝耗。

在三扣翻领针织T恤制作时需要打出门襟条和领条，故门襟样板和领条样板为实样板，其主要样板尺寸计算如下：

$$样板门襟长 ＝ 成品门襟长规格 ＋ 绱领缝耗 ＋ 绱门襟底缝耗$$
$$样板门襟宽 ＝ （成品门襟宽规格 ＋ 绱门襟缝耗）\times 2$$

原身布领条：

$$样板领长 ＝ 成品领长规格 ＋ 领条两端缝合时缝耗$$
$$样板领宽 ＝ （成品领宽规格 ＋ 绱领缝耗）\times 2$$

横机领条：

$$样板领长 ＝ 成品领长规格$$
$$样板领宽 ＝ 成品领宽规格 ＋ 绱领缝耗$$

（2）结构图绘制（图4-20～图4-22）

表4-24　三扣翻领成品规格

单位：cm

部　位	成品规格
领　宽	17.3
前领深	8.25
后领深	1.5
门襟长	16
门襟宽	3.5

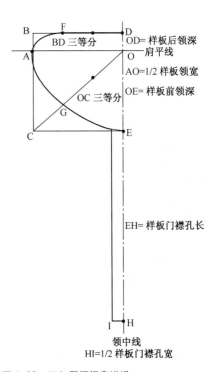

图4-20　三扣翻领领窝样板

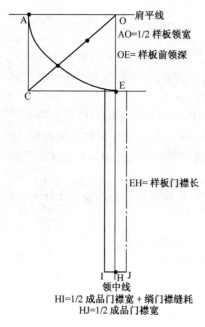

图4-21　三扣翻领门襟样板

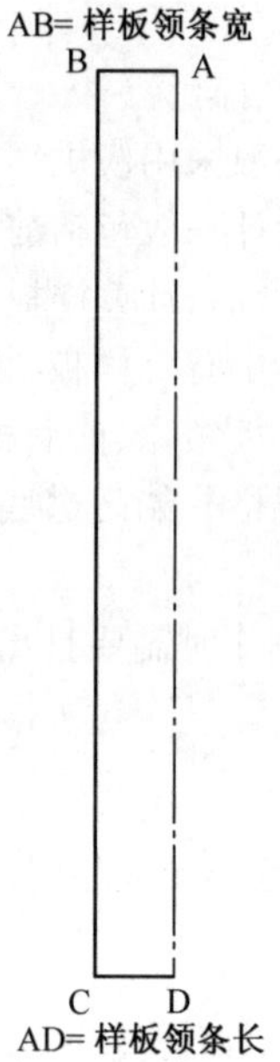

图4-22　领条样板

4　技能训练

（1）如何理解领窝样板的"负样板"？

（2）练习各种领型的领样板设计。

任务七　基样法结构设计

1　任务描述

　　针织服装基样法就是以针织服装的"基本型"为依据，根据服装款式造型特点及面料的不同性能，通过对基样进行适度调整而制出服装样板的一种方法。该种方法是依据针织服装结构特点、日本文化式原型以及国外针织服装基样而创新的一种方法。

2　任务目的

　　通过该任务的学习与锻炼，掌握针织服装基样法结构设计，能够根据不同款式的针织服装进行基样法结构设计。

3　知识准备

3.1　针织服装基样法的概念

　　针织服装基样法就是以针织服装的"基本型"为依据，根据服装款式造型特点及面料的不同性能,通过对基样进行适度调整而制出服装样板的一种方法。该种方法是依据针织服装结构特点、日本文化式原型以及国外针织服装基样而创新的一种方法。

随着当代针织服装的不断外衣化、新颖化、时尚化,基样法样板设计能够适应其款式的不断变化。

3.2　针织服装上衣基样的绘制

3.2.1　针织服装上衣基样各部位的名称

上衣基样根据服装松度的不同,分为紧身型基样、贴体型基样、舒适型基样和宽松型基样四种。为便于针织服装基样的绘制和应用,其各部位名称介绍如图 4-23 所示。

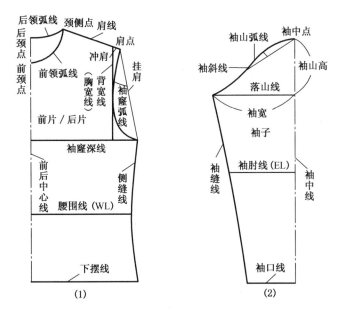

图 4-23　针织上衣基样各部位名称

针织服装上衣衣身基样绘制的必要尺寸有胸围、领围、背长、衣长和总肩宽,袖子基样绘制的必要尺寸有袖长、衣身袖窿弧线长、腕围。其中,胸围、领围、背长、总肩宽、腕围等尺寸均为人体净尺寸。

3.2.2　舒适型基样的绘制

（1）衣身基样（图 4-24）

① 选取某一点作为后颈点,然后以此为基准向下画一条垂直线,尺寸取为背长,画出水平腰线,延长背长线至衣长,画出下摆的水平线;

② 以后颈点为基准线向下去 $\frac{B}{6}+8$ cm（B 为净胸围）,画出袖窿深线,在袖窿深线上取 $\frac{B}{4}+$ 2 cm 为 1/4 胸围,向下画垂线到下摆的水平线,确定下摆;

③ 以后颈点为基准横向取 $\frac{N}{5}-1$ cm 为领宽（N 为领围）,向上画垂线,取 1.5 cm 为后领深,以后颈点为基准向下取 $\frac{N}{5}$ 为前领深;

④ 以后颈点为基准水平取 1/2 总肩宽 −0.7 cm，向下画一垂线，其尺寸为 1/8 袖窿深，即 $1/8\left(\dfrac{B}{6}+8\text{ cm}\right)$，确定肩点，并画出肩线；

⑤ 自肩点向内侧取 1.5 cm，并垂直向下画线交于袖窿深线，确定背宽线（也是胸宽线）；

⑥ 根据领宽及前、后领深画出前、后领弧线；

⑦ 自肩点经背宽线中点和袖窿深点画出袖窿弧线；

⑧ 在腰围线上根据腰围松度$\left[\text{该基样为}\dfrac{W}{4}+3.5\text{ cm}（W\text{ 为净腰围}）\right]$确定侧腰收省量，画出侧缝线。

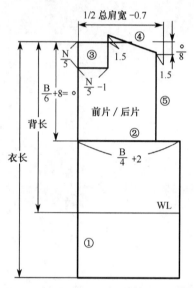

基础线、轮廓线

图 4-24　针织上衣衣身基样（舒适型）

（2）袖子基样（图 4-25）

① 选取某一点作为袖中点，然后以此为基准向下画一条垂线作为袖中线，尺寸取为袖长，画出袖口水平线；

② 以袖中点为基准，向下取$\dfrac{AH}{4}+2.5$ cm（AH 为袖窿弧长）作为袖山高，水平画出落山线；

③ 以袖中点为基准，向下取$\dfrac{袖长}{2}+2.5$ cm 作为袖肘线位置，水平画出袖肘线；

④ 以袖中点为基准，以袖窿弧长 AH 为半径向落山线画弧，做出袖斜线并确定袖宽；

⑤ 在袖口水平线上取 1/2 腕围 +2.5 cm 作为袖口大尺寸；

⑥ 将袖斜线三等分画出袖山弧线；

⑦ 袖缝线在袖肘线位置缩进 0.6 cm，重新画出袖缝线。

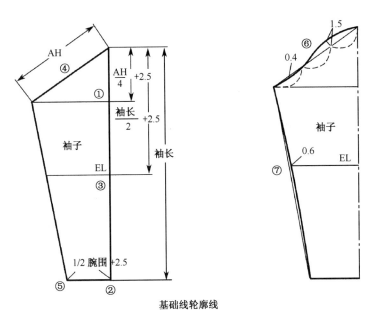

图 4-25　针织袖子基样(舒适型)

3.2.3　紧身型基样的绘制

　　用和舒适型基样一样的方法可以绘制紧身型基样,如图 4-26 所示。

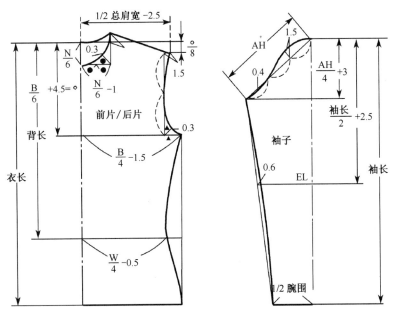

图 4-26　针织上衣衣身基样(紧身型)

3.2.4　宽松型基样的绘制

用和舒适型基样一样的方法可以绘制宽松型基样,如图4-27所示。

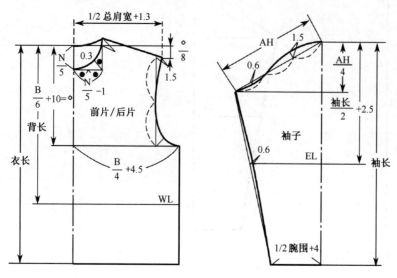

图4-27　针织上衣衣身基样(宽松型)

3.2.5　贴体型基样的绘制

贴体型针织上衣基样由于胸宽与背宽不同,所以绘制方法与步骤稍有差异,如图4-28所示。

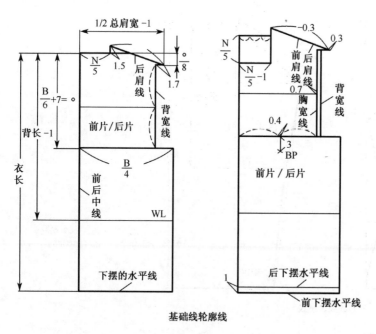

图4-28　针织上衣衣身基样(贴体型)

3.3　针织裤子基样的绘制

3.3.1　针织裤子基样各部位的名称

裤子基样分为外裤基样和内裤基样两种。为便于针织服装基样的绘制和应用,其各部位名称介绍如图 4-29 和图 4-30 所示。

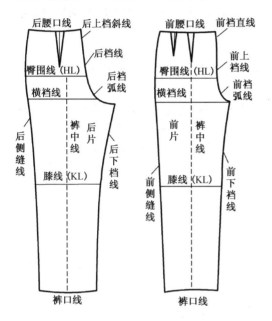

图 4-29　针织外裤基样各部位名称图

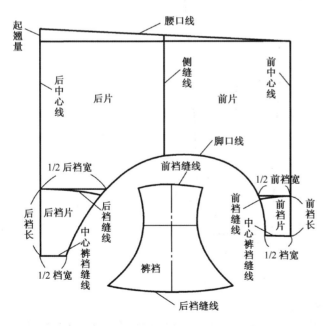

图 4-30　针织内裤基样各部位名称图

　　针织外裤基样绘制的必要尺寸有臀围、腰围、上裆、裤长、裤胸口宽,绘制针织内裤基样的必要尺寸有臀围、上裆、腰臀长,以上尺寸均为净尺寸。

3.3.2　针织外裤基样的绘制

　　(1) 针织外裤基础线的绘制(图 4-31 ~ 图 4-32)

　　① 画两条直线垂直相交,根据上裆尺寸及裤长定出横裆线位置和裤口线位置,横裆线宽取 $\dfrac{H}{4}+1\sim2\,\text{cm}$(松份);

　　② 以右前裤片为例,从上裆直线向右侧画出小裆宽线,即从横裆线上向外放出(1/4 横裆宽 −1)cm 的长度,对于胖体型放出 1/4 横裆宽即可;

　　③ 裤中线的位置稍偏于前中线,在 1/4 臀围的 1/3 处,与横裆线相交成直角并向上下延长;

　　④ 在裤口线上以裤中线为中心向左右两侧取相同的尺寸(1/2 裤口宽 −0.5 cm);

　　⑤ 通过横裆线与裤脚口线两线距离的中点向上 4 cm 处做一条直线,定为膝盖位置(膝线 KL);

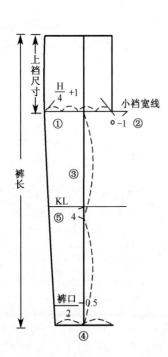

图 4-31　针织外裤基样的基础线

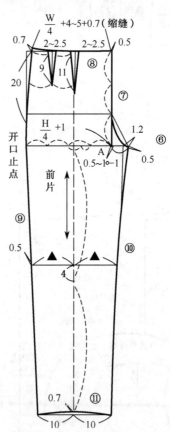

图 4-32　针织外裤基样前片的轮廓线

　　(2) 针织外裤前片轮廓线的绘制(图 4-33)

　　⑥ 在横裆线上向右加放 0.5 cm,如果是下腹部凸出的体型,则加放松份 1 cm,这个位置定

为 A 点,用斜线将 A 点与上裆线上的 1/3 处相连接,画一曲线与下裆交接处有一定宽松量;

⑦ 在腰围线的前中线处向里缩进 0.5 cm,然后用曲线画出前裆直线的制成线,按图作出前裆弧线,用斜线在裆线的 1/3 处与小裆宽线连接起来,再从 A 点向该斜线作垂直线,通过垂直线的 1/3 处到横裆线下 0.5 cm 位置处,用曲线画出前裆弧线;

⑧ 腰围尺寸的取法与裙子类似,设置两个省道,其中一个省道在裤中线处,另一个省道则在腰骨突出的位置,以符合腰的圆度,腰围线有 0.7 cm 归缩缝,在侧缝处将腰围线提高 0.7 cm,将省份折叠之后,腰围线则成圆滑曲线;

⑨ 侧缝线用自然曲线连接起来,经过上裆线的 2/3 处作一条直线为臀围线(HL),在侧缝处膝线向里缩进 0.5 cm,用曲线和裤口线连接起来;

⑩ 从裤口线到侧缝线的宽为 ▲,在内裆一侧取 ▲ 尺寸,形成膝线宽,将小裆宽线缩进 1.5 cm,通过膝线端点与裤口线连接起来,画出前下裆线;

⑪ 为了使裤脚口不致盖在脚面上,在裤中线处向上凹进 0.7 cm,然后画成曲线。

（3）针织外裤后片轮廓线的绘制

⑫ 后裤片的大裆宽线比前裤片的小裆宽线多放出 4.5 cm 松份,这个松份可以根据个人体型差别适当增减;

⑬ 将前裤片腰围线在前裆直线处向里缩进 4~5 cm,再由此点经臀围宽画出的斜线就是后裆斜线;

⑭ 将后裆斜线向上延长 1 cm,按图示画出腰围线,省份量比前裤片的省份减少些;

⑮ 在侧缝处将腰围线向上提高 0.7 cm,横裆线增宽 1.5 cm 左右,从膝盖到裤脚口处比前片放宽 1 cm,然后按图示画出侧缝线;

⑯ 大裆宽线比前片小裆宽线向下降 2 cm 后,与膝线用曲线自然连接起来;

⑰ 裤脚口与前片相反,在裤中线处向下放出 0.7 cm 后,用曲线连接起来。

3.3.3　针织内裤基样的绘制(图 4-34)

① 水平画一条腰围基准线,其长度为 $\dfrac{H-15\ \text{cm}}{2}$,根据内裤所需要的松紧程度以及面料的弹性,放松量可以适当调节;

② 分别从腰围基准线的两端点垂直向下画后中心线和前中心线,后中心线长为上裆长 +6 cm,前中心线长为上裆长 + 3 cm;

③ 由前、后中心线的底端分别向内画水平线作为 1/2 裆宽,1/2 裆宽为 4 cm(大号型的加 0.5 cm,即总的加宽量为 1 cm);

④ 把后中心线的上端延长 2 cm,作为后腰起翘量;

⑤ 定前、后裆部位及前、后裆宽,在前中心线上由底裆向上取 6 cm 为前裆部位,水平画 5 cm 为 1/2 前裆宽,在后中心线上由底裆向上取 10 cm 为后裆部位,水平画 10 cm 长为 1/2 后裆宽

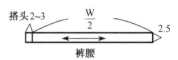

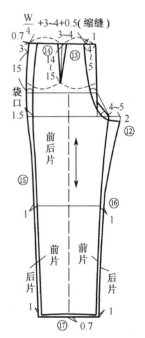

图 4-33　针织外裤基样后片的
　　　　　轮廓线

（1/2 前、后裆宽大号型的加 0.5 cm，即总的加宽量为 1 cm）；

⑥ 将腰围基准线一分为二，垂直向下画侧缝线，长度为腰臀长 −1 cm；

⑦ 画出脚口线，1/2 前裆宽下落 0.5 cm，1/2 后裆宽下落 1 cm，画出前、后裆缝线；

⑧ 画顺腰口线。

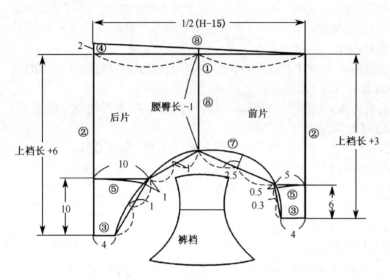

图 4-34　针织内裤基样

3.4　针织服装基样的特点

3.4.1　结构特点

（1）上衣基样结构特点

针织上衣基样属于平面型服装结构制图方法，也是间接法制图，服装结构相比于原型法更加平面化，非常适合针织服装结构线简单、基本无省道的结构设计特点。

针织上衣基样在结构呈现如下特点：衣身前、后片完全相同（贴体型基样除外），只是在领窝弧线上前、后片不同；袖片采用一片式，前后袖山弧线、袖宽、袖口大、袖下线均相同。

（2）裤子基样结构特点

针织外裤基样：两片式结构，服装的松度介于肥瘦的中间状态，裤子的腿部造型较好。以该基样为基础板型，可以方便地作出各种裤款的结构图。

针织内裤基样：一片式结构，前、后片为一个整体；松度为紧身合体式；前中、后中没有破缝，有单独的裆布。以该基样为基础板型，可快速地制作出多种款式的内裤结构图。

3.4.2　应用特点

（1）针织服装基样法制图简便、快速。只要使用与所制作样板松度相符合的基础样板，根据服装的款式造型特点及面料的不同性能，通过对基样进行不同程度的调整，即可完成服装的结构图。

（2）能运用"变中不变，不变中有变"的规律进行各种服装款式的变化。

总体上讲，针织服装基样法具有制图简便、快速，运用灵活、适应面广的特点。如贴体型针织上衣基样为合体款式提供了基础的造型依据，适用于正装、休闲装等各类针织服装的基础样板制作。

4 技能训练

4.1 技能训练实例

例：工字形运动背心的结构设计（图4-35）

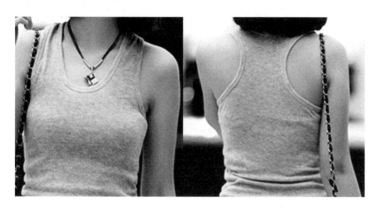

图4-35　工字形内衣的款式图

（1）款式特点分析

该款背心为工字形运动内衣，服装合体度为紧身式，领型为大挖领，袖窿、领边及下摆均采用滚边装饰。

成品规格：衣长66 cm，胸围62 cm，肩宽38 cm。

（2）结构图的设计（图4-36）

拓下紧身型针织衣身基样，延长至所需要的衣长。画出前身的对称片，沿侧缝连接前、后衣片。将肩线1/2处作为肩带位置，如图所示画出前、后身领窝形状及肩带宽。降低袖窿深点5 cm，按图示画出前后袖窿弧线。前后片在腰线的侧缝位置收3 cm的省量。

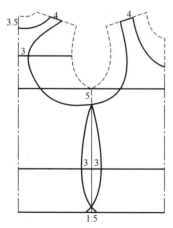

图4-36　工字背心样板图

4.2 技能训练题

试进行如图 4-37 所示 T 恤衫的样板设计,肩宽 36 cm,袖长 23 cm,衣长 65 cm,胸宽 43 cm。

图 4-37   肩部挖空 T 恤款式图

毛针织服装设计 | 项目五

　　毛针织服装作为针织服装中的重要分支，近几年来得到了极大的发展。毛针织服装突破内衣保暖的用途，逐步发展作为外衣穿着。本项目要求学生通过学习和技能训练，掌握毛针织套衫、毛针织开衫、毛针织配件的设计。

　　本项目由四项任务组成，即毛针织套衫设计、毛针织开衫设计、毛针织配件设计和成型毛衫工艺设计。

任务一　毛针织套衫设计

1　任务描述

毛针织套衫随款式不同,内穿外穿皆可,已经成为一种经典的针织款式。本任务结合图片,围绕针织套衫款式变化的重要局部领型、肩型、袖型展开叙述。学生通过学习,了解并掌握针织套衫款式变化设计要素,然后结合技能训练实例开展针织套衫设计。

2　任务目的

熟悉和掌握针织套衫款式变化的设计要素。

能根据设计要求,灵活运用各种设计手法,开发出新颖的针织套衫款式。

3　知识要点

针织套头衫是仅从头部开口,便于穿着的针织服装。随着款式的丰富及变化,传统意义上适用于内穿的套衫渐渐演绎为日常外穿的款式,而且无论什么季节,套头衫都可以与时尚流行联系到一起。设计师们通过对领口、肩型、袖型及下摆的不同设计,创造出不同的针织套衫款式。

3.1　针织套衫廓型设计

依据人体穿着针织套衫后二者之间的着装空间关系,针织套衫外轮廓的视觉效果可以分为常见的三种廓型:

3.1.1　紧身式廓型

紧身式廓型是利用织物富有弹性的特点制成适体性极强的针织套衫造型。这种造型既能充分体现人体的曲线美,又能伸缩自如地适应人体各种活动的需要。

3.1.2　适身式廓型

适身式廓型是以人体为基准,套衫与人体之间稍有间隙度,是以垂直水平线组成的方形设计。可以说是针织套衫传统的造型风格。适身式廓型的肩线是呈水平稍有倾斜的自然形,腰线可以是直线或稍呈曲线。廓型效果端庄大方,穿着合体自如、方便、舒适。

3.1.3　宽松式廓型

宽松式是在直身基础上增加空间上的放松度而产生的造型,营造出洒脱、大方的感觉。宽松式廓型能较好地体现针织套衫面料柔软、悬垂的性能优势,无论面料的厚薄都会有好的效果。

如图5-1所示,从左至右依次为紧身式廓型、适身式廓型、宽松式廓型。

3.2　毛针织套衫领型设计

针织套衫领型按照结构,分为挖领和添领两大类。

3.2.1　挖领设计

针织套衫挖领是指在衣身的领圈部位形成凹形的领窝,或在此基础上加装不翻领的领边所形成。针织套衫中常用的基本挖领型式有圆领、V领、叠领、U领、一字领等。

图5-1　针织套衫廓型

（1）圆领

圆领是针织套衫中常见的经典领型，依据具体的套衫款式需要，圆领的领深、领宽尺寸随之进行调整。但要保证穿脱时头部不受影响。缝盘工艺上采取包边处理。此外，圆领还可以在领子部位进行流行元素的装饰设计。如图5-2所示。

图5-2　针织套衫圆领

（2）V领

V领造型要求正如字母"V"，要求领尖要尖，领面要挺。V领设计可根据款式需要进行领开、领深的前中心点深度变化。领边上烫钻、钉珠装饰手法的运用可以借鉴。如图5-3所示。

图 5-3　针织套衫 V 领

（3）叠领

是指在缝制 V 领时，采用领边相叠缝制而成，如图 5-4 所示。

图 5-4　针织套衫叠领

（4）U 领

U 领的造型介于圆领和方领（由于针织套衫具有较大的弹性和拉伸性，方领运用较少），显得较为柔和，适用面较广，具有优雅大气的风格气息。同样，U 领设计可根据款式需要进行领深和领弧线的变化(图5-5)。

图5-5　针织套衫U领

（5）一字领

一字领领开较大,领深接近颈窝点,两肩的缝合部形成锐角。穿着效果较为轻松自在,如图5-6所示。

图5-6　针织套衫一字领

3.2.2　添领设计

针织套衫添领是指在衣身的领圈部位添置各种形状的领子。常用的基本添领型式有立领、驳领、青果领、连帽领等。

（1）立领

立领在针织套衫中出现的频率颇高,这是与立领本身高低变化可以随款式需要、穿着季节做灵活调整分不开的。

① 根据领片高低,可以分为半高领套衫、高领(两翻领)套衫,如图5-7所示。

图5-7　针织套衫半高领、高领

② 领片贴紧颈部周围的竖直式旗袍领,如图5-8所示。

图5-8　针织套衫旗袍领

③ 领片与衣身连为一体的连衣领或连身领,如图5-9所示。

图 5-9　针织套衫连衣领

（2）荡领

合体衣领往往以平衡、合体、无皱褶为设计目标，而荡领的配置却是反其道而行之，它是以前领荡开、不平、呈自然下垂皱褶为美感的设计。荡领散发女性柔美与干练气质，十分适合外搭套装上衣穿着，尤其是职场环境。如图 5-10 所示。

图 5-10　针织套衫荡领

（3）驳领

针织套衫驳领借鉴的是西式梭织服装的传统领型，穿着后前领部与驳头组合形成缺口，由于针织物特殊的线圈组织结构，此款领型会呈现自然随意的外翻状态，巧妙地将商务与休闲融为一体。小驳领呈现端庄优雅的气质，大驳领呈现的是粗旷大气的特点。如图 5-12 所示。

（4）青果领

青果领穿着后前领部与驳头连为一体，领面自然向外翻。如图 5-11 和图 5-12 所示。

图 5-11　针织套衫青果领

图 5-12　针织套衫驳领

（5）连帽领

针织套衫连帽领的设计极好借鉴了针织连帽套头卫衣的经典款式，传递休闲的设计风格，多用于春秋及冬季款的设计中。如图 5-13 所示。

图 5-13　针织套衫连帽正反面

3.3　毛针织套衫肩型设计

针织套衫中的肩型根据编织的特点,常用的基本肩型有斜肩平袖型、插肩袖型。

3.3.1　斜肩平袖型

套衫成衣后肩部为斜肩,对应袖子的袖山头为平袖,它穿着舒适,行动自然。可以细分为斜肩型和背肩型。如图5-14所示。

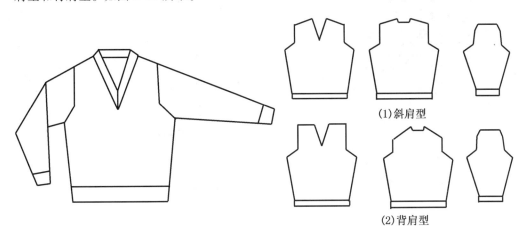

(1)斜肩型

(2)背肩型

图5-14　斜肩平袖型

3.3.2　插肩袖型

袖子对应为插肩袖,它活泼、自然、美观,使人体有收缩感。如图5-15所示。

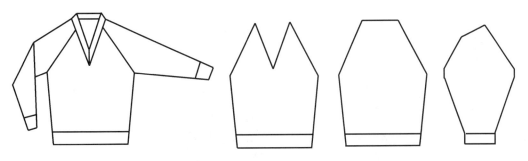

图5-15　插肩袖型

3.4　毛针织套衫袖型设计

袖型与领型一样,都是针织套衫款式变化的重要部位。按照结构可以分为三大类,即装袖、插肩袖、连身袖。

3.4.1　装袖

针织套衫装袖一般采用一片袖的结构。与其搭配的肩型是斜肩平袖型。其中,装袖与斜肩平袖型肩型的搭配,具有造型线条顺畅,穿着效果服贴的效果。是针织套衫最为常见的袖型设计。近几年,装袖部位的结构变化和装饰成为重点。如图5-16所示。

图 5-16   针织套衫装袖

3.4.2   插肩袖

休闲风格类的针织套衫适用插肩袖。穿着效果随意、舒适。如图 5-17 所示。

图 5-17   插肩袖

3.4.3   连身袖

连身袖在结构上能满足手臂的活动,穿着舒适,外观造型美观。如图 5-18 所示。

图 5-18　针织套衫连身袖

3.5　毛针织套衫门襟、下摆设计

　　针织套衫由于面料的伸缩性,穿脱的功用在正常情况下是不成问题的。有时出于设计的需要,会进行门襟的设计,如采用拉链闭合、纽扣闭合两种形式,如图 5-19 所示。此外,还会采用在门襟部位装饰的各种手法打造套衫的整体效果,例如花边、钉扣,如图 5-20 所示。

图 5-19　针织套衫门襟设计

图 5-20 针织套衫门襟装饰设计

　　针织套衫下摆造型应该与其整个外轮廓造型协调起来,并服从于外轮廓造型。长短比例上,常规的套衫下摆为前后平齐式,而前短后长式下摆一般会运用在休闲风格的毛衫上。在2013年各大时装周上演的服装大牌走秀上,下摆短至腰节以上的套衫暗示着下一年的流行走势,如图5-21所示。松紧度上,下摆可以分为常规直口下摆、收口下摆以及造型独特的放口下摆,如图5-22所示。这些都要依赖于对针法组织、结构工艺的灵活应用。此外,下摆的不对称设计能使套衫个性十足,如图5-23所示。

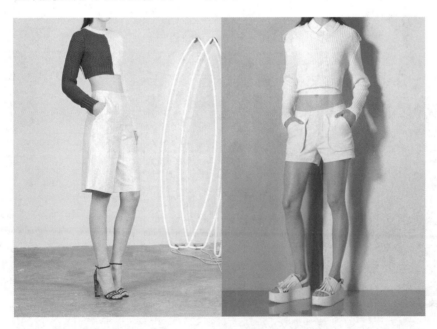

图 5-21 针织套衫下摆比例

图 5-22　针织套衫下摆松紧度

图 5-23　针织套衫下摆不对称设计

3.6　针织套衫细节设计

针织套衫伴随着每年每季的时尚流行元素快速作出变化,在细节上出奇制胜,永葆其经久不衰,成为大众衣橱中不可或缺的经典款式。细节设计中组织的应用、纱线的选择、结构工艺的变化,各类印、烫、绣、贴、钩工艺手法的运用为针织套衫增色添彩。如图 5-24 所示。

图 5-24   针织套衫细节设计

3.7   针织套衫整体设计

3.7.1   针织套衫的纱线设计

针织套衫中可使用的纱线有棉、麻、丝、羊毛、羊绒、黏胶和各种新型纤维等。棉是纯天然材料,不伤皮肤,手感好,柔软舒适。一般适用于休闲风格的套衫。麻类纤维比较粗硬,对应的针织物风格比较粗犷、洒脱,适合用作宽松廓型的套衫。蚕丝光泽较强,成品光滑、轻薄、柔软、精致、轻盈飘逸,别具风格,常用于高档品牌的套衫。羊毛卷曲且带有鳞片,保暖性较好,与羊毛混纺形成不同比例配比的纱线选择在套衫市场中占据了极大比例,可以说,在不同定位的服装品牌中应用频率较高。羊绒素有"软黄金""纤维皇后"的美称,其纤维细而柔软,手感滑糯,细密轻暖,历来作为高档的毛衫消费品。近几年,套衫中花式纱线的运用较为流行。其中代表性的金银丝可产生奢华的效果;闪光纱具有金属光泽和滑爽质感;黏胶则流光溢彩;渐变色纱、段染纱线能打造不规则的随机云斑；节子线、小圈珠线、毛圈纱具有羽毛般的外观和俏皮风格。在运用和设计中，可以根据具体款式风格需要进行纱线的组合选择。图5-25所示，从左至右依次为羊绒、马海毛、花式纱线在针织套衫中的应用。

图5-25　针织套衫纱线设计

3.7.2　针织套衫的组织设计

组织设计可以影响到套衫的整体风格、造型、肌理感觉等各方面。因此，熟悉针织组织结构和设计特点，结合其特殊性进行设计和拓展十分重要。

套衫组织设计离不开基本组织（单面、双反面和罗纹）和花色组织（提花类、移圈类、添纱类、波纹类、集圈类、毛圈类和空气层）。图5-26所示，从左至右依次为单面、罗纹、提花、绞花、添纱组织在针织套衫中的应用。织物组织结构不同，形成的花型、产生的风格效果也不相同。根据各种组织所表达的风格效应，并将其灵活运用于毛衫的不同部位，可使毛衫造型更为生动、功能性更人性化。例如，春夏款套衫要求轻薄、凉爽、透气，镂空组织是不可或缺的元素。镂空网眼赋予织物经典优雅、轻快浪漫的风格特征，主要诠释女性的温柔与妩媚。秋冬款套衫要求手感柔软饱满且富有弹性，蓬松丰满，保暖性强。

图5-26（a）　针织套衫组织设计

图5-26(b)　针织套衫组织设计

3.7.3　针织套衫的色彩设计

　　套衫的色彩设计,主要考虑纱线、组织结构所构成的肌理效果以及花型图案对整体外观色彩的影响。毛衫纱线的成分、粗细、捻向、捻度等结构的变化,都会影响到色彩的表现质感。例如,同样是棉针织物,染色工艺相同,但高支棉纱光滑、细腻,色彩鲜艳;低支棉纱粗糙、厚重,色彩暗淡、朴素。除了单色之外,套衫色彩的最主要表现形式,主要包括条纹、菱形格和提花图案。条纹图案因其生产工艺的便利性,是毛衫中应用最为广泛的一种装饰形式,有横向条纹、锯齿形条纹、波浪形条纹、纵向条纹等。不同形式和色彩的条纹可以演绎出不同风格的毛衫。菱形格也是毛衫常用的图案元素,设计时,要注重毛衫的底色、菱形格的色彩以及斜十字线的色彩三者之间的空间用色关系的处理,使其产生错落有致的层次感和张扬的力度。提花图案的立体感强,花型逼真,其效果是平面印花织物无法比拟的。无论是卡通、动植物、人物,还是几何图案、民族纹样、绘画作品等图案,运用上灵活多样,或优雅简洁、或浪漫温馨、或鲜艳活泼、或中性沉稳,无论男女老少均可应用。图案与配色是提花设计制胜的两大法宝,花型图案及其组合色彩设计会对套衫的整体风格产生巨大影响。如图5-27所示。

图 5-27　针织套衫条纹、菱形格、提花图案的应用

3.7.4　针织套衫的款式设计

（1）套衫基本款式

套衫基本款有如下特征：①外轮廓造型：直身型。②领型：通常为圆领、V 领、POLO 领。③袖型及长度：装袖；长袖或短袖。④组织特点：大身为单面，下摆、袖口、领口为罗纹组织。

（2）套衫变化款式

随着时尚演变，着装搭配的需要，传统意义上的更加适合内穿的套衫基本款悄然发生着诸多变化。例如身长比例上的明显变化，长度短至腰节，长至膝盖以上的款式层出不穷，展示出不同的款式风格特点，如图 5-28 所示。着力于结构工艺变化的套衫突破常规，创意十足，如图

图 5-28　针织套衫身长比例的变化

5-29 所示。适合白领女性穿着的小众化套衫款不容忽视。它不同于纯粹的毛背心,而是贴身穿的高领无袖或短袖套衫。冷的时候外面加件开衫或者小西装都可以,如图 5-30 所示。由此衍生的、适用春秋季穿着的无袖外搭套衫以其实用性而颇受欢迎,如图 5-31 所示。此外,套衫款的变化就是围绕组织、色彩、图案等展开淋漓尽致的设计,在此就不一一举例了。

图 5-29   针织套衫结构工艺变化

图 5-30   针织小众化套衫款

图5-31　针织套衫长款外搭

4　技能训练

4.1　技能训练实例

实例:针织女套衫设计

（1）资料收集:根据技能训练要求,开展针织女套衫市场调研、网络资讯相关材料的收集。

图5-32　针织女套衫款式参考图

（2）款式分析:

　　图5-32所示的款式,是2012年秋冬针织女套衫极具代表性的流行款式。设计重点表现在局部皮草的运用。两种不同材质的混搭丰富了款式的表现力,兼具实用功能与装饰功能。

　　(3)模仿设计:以针织女套衫流行款为灵感来源,充分运用其设计手法,并结合知识要点中的套衫局部设计特点,进一步收集资料,展开联想,根据要求设计出新的款式。

　　款式设计(图5-33)

图5-33　针织女套衫款式设计图

4.2　技能训练题

　　以蕾丝为主要设计元素,设计针织女套衫系列四款。

任务二　毛针织开衫设计

1　任务描述

　　毛针织开衫随款式不同,内穿外穿皆可,本任务结合图片围绕毛针织开衫长度、用途、纱线元素等款式因素变化展开叙述。使学生了解并掌握毛针织开衫设计要素,然后结合技能训练实例开展毛针织开衫设计。

2　任务目的

　　熟悉和掌握毛针织开衫款式变化的设计要素。
　　能根据设计要求,灵活运用各种设计手法,开发出新颖的毛针织开衫款式。

3　知识要点

　　目前,针织开衫已然成为人们生活中备受关注和喜爱的服装款式。从过去作为内衣保暖的形式到现在外搭扮靓的款式,针织开衫发展迅速。

3.1　不同长度毛针织开衫设计

毛针织开衫不同长度的款式体现不同的风格。

3.1.1　短款毛针织开衫

（1）甜美风

温馨柔和、可爱清纯的甜美风开衫,是青春靓丽的女孩子们推崇的一款服饰。"森女系""田园风"等的字眼也越来越多地出现在当代服饰的字典里(图5-34)。

图5-34　甜美风毛针织开衫

（2）运动风

随着人们生活节奏的不断加快,健康、绿色的生活方式受到人们的广泛关注。在服饰穿着中,活力、动感的运动装束深受欢迎(图5-35)。

图5-35　运动风毛针织开衫

（3）时尚风

所谓时尚，多指流行的一些东西。各种时尚的毛衫开衫，欧美风、小香风、学院风……深受当代女性欢迎（图 5-36）。

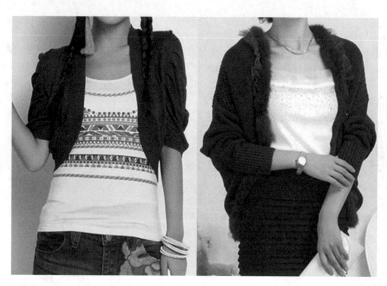

图 5-36　时尚毛针织开衫

3.1.2　中长款毛针织开衫

（1）OL 风

在现代社会，越来越多的女性成为 Office Lady，简单大方的款式和颜色成就了 OL 职场风，也成为办公室女郎的最爱（图 5-37）。

图 5-37　OL 风毛针织开衫

（2）休闲风

快节奏的生活让休闲风格也在毛开衫服装中独占一隅（图5-38）。

图5-38　休闲风毛针织开衫

（3）个性化风格

注入丰富多彩的感情元素、DIY创意时尚，个性化开启了"我的衣裳我做主"的炫酷时代（图5-39）。

图5-39　个性化风格开衫

3.2　不同用途毛针织开衫设计
3.2.1　毛针织开衫内搭

毛针织开衫穿脱方便，常作为内搭类服饰，其款式、色彩、纱线也有了很大变化（图5-40）。

图 5-40　毛针织开衫内搭

3.2.2　毛针织开衫外套

随着"日韩风"服饰文化的影响,毛针织开衫作为外套受到人们欢迎。短款、中长款,春秋季款、秋冬季款……各式各样的款式和花色变化越来越多(图 5-41)。

图 5-41　毛针织开衫外套

3.2.3　毛针织开衫坎肩

在毛针织开衫中,坎肩款式占有一定的比例。中老年开衫坎肩常常作为贴身保暖的马甲穿着,青年人则用不同款式的开衫坎肩作为穿着的搭配(图 5-42)。

图5-42　毛针织开衫坎肩

3.2.4　连帽款毛针织开衫

连帽款的毛针织开衫,如图5-43所示。

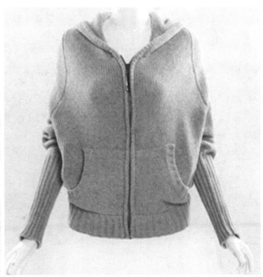

图 5-43　连帽款毛针织开衫

3.3　不同元素毛针织开衫设计

3.3.1　粗针毛针织开衫

　　粗针、小机号编织的毛针织开衫,以其粗犷、豪放的风格和可轻松、随意的搭配赢得人们的喜欢(图 5-44)。

图 5-44　粗针毛针织开衫

3.3.2　细针毛针织开衫

　　与粗针毛开衫相反,细线高机号的毛开衫针织将飘逸与轻盈表现得淋漓尽致(图 5-45)。

图5-45　细针毛针织开衫

4　技能训练

以蕾丝为主要设计元素,设计针织女开衫系列四款。

任务三　毛针织配件设计

1　任务描述

针织配件在服装搭配中起着画龙点睛的作用,其种类包括围巾、帽子、袜品、手套等。本任务针对不同类别的针织配件,分析运用的设计要素,使学生了解并掌握针织配件设计的相关知识点,然后结合技能训练实例开展针织配件设计。

2　任务目的

了解和熟悉不同类别针织配件设计要素。

能根据设计要求,灵活运用各种设计手法,开发出新颖时尚的针织配件款式。

3　知识要点

3.1　针织围巾设计

针织围巾已经从以往的"御寒品"日渐发展成为时尚配饰,消费者佩戴围巾已经不分季节,而是更加注重围巾与服装整体搭配后营造的装饰功能。下面将从针织围巾围系方式展开任务。

3.1.1　套头式

近两年风靡的针织套头式围巾源自20世纪七八十年代的围脖,但是在造型、用纱粗细、组织方面较以往单一的直筒式、单面组织为主的围脖有了跨越式的变化。

（1）造型为主要设计元素（图 5-46）

（1）悬垂型　　　　　　　（2）围绕型　　　　　　　（3）堆砌形

图 5-46　套头式围巾的造型

（2）组织变化为主要设计元素（图 5-47）

（1）嵌花组织　　　　　　　　（2）花色组织

图 5-47　套头式围巾的组织变化

3.1.2　缠绕式

缠绕式是传统的围巾系法，缠绕的具体方式也会随着流行而发生变化。缠绕式针织围巾的设计要素主要有组织变化、配色等方面。

（1）组织变化为主要设计元素（图 5-48）

图 5-48　缠绕式围巾的组织变化

（2）配色为主要设计元素（图 5-49）

图 5-49　缠绕式围巾的配色

3.1.3　披肩式（图 5-50）

图 5-50　披肩式围巾

3.2 针织帽子设计

针织帽子具有实用的保暖功能,其装饰功能随着时尚的演绎有增无减,特殊的组织肌理效果,随意的易成型性是针织帽子独有的优势。一顶帽型好看的针织帽会为整体造型增添不一样的材质与颜色变化,是不可或缺的搭配性单品。

3.2.1 帽子的基本结构

主要由帽身、帽檐两个部分组成。

3.2.2 针织帽类别

（1）针织豆蔻帽

属于无檐帽。帽身呈圆筒状,帽顶平服,戴后会紧贴头部。豆蔻帽戴法根据具体的戴帽者和着装搭配需要通常有两种形式:一是帽身水平戴,中规中矩,不分年龄段和性别;二是年轻时尚群体采用的帽身向后倒,形成自然堆砌状的戴法。如图5-51所示。

图5-51 针织豆蔻帽

（2）针织贝雷帽

贝雷帽也属于无帽檐,整体造型为圆扁平状,帽身大于帽边的特点为帽身造型的随意塑造提供了方便。贝雷帽适合不同年龄、不同性别的人通用,适合搭配的服装风格及使用场所宽泛自由。如图5-52所示。

图5-52 针织贝雷帽

（3）针织鸭舌帽

该款帽式有帽檐，帽顶平且前部向下倾斜。配戴鸭舌帽的方式，最正统的就是正戴了。不过，将鸭舌偏斜，或者干脆将鸭舌戴在脑后体现了年轻时尚群体渴望摆脱拘束、追求个性的心理诉求。近几年，鸭舌帽开始和时尚运动风结合，许多设计师在设计具有运动情调的服装系列时都喜欢用鸭舌帽来搭配。如图5-53所示。

图5-53　针织鸭帽

（4）针织护耳帽

适用于冬季佩戴的护耳帽能有效起到抵御寒冷的实用功能，与毛质面料的结合，多变化的组织运用、丰富色彩与图案的搭配令严冬里的护耳帽变得着实出彩。如图5-54所示。

图5-54　针织护耳帽

（5）针织头巾帽

类似与将针织长巾缠绕在头上形成头巾帽，如图5-55所示。

图 5-55　针织头巾帽

（6）个性款针织帽

此类别针织帽子一般会出现在品牌秀场、时尚杂志中，旨在配合品牌走秀、宣传需要。帽子造型夸张奇特，个性十足（图 5-56）。

图 5-56　个性款针织帽

3.3　针织袜品设计

近几年，国际品牌和时尚的浪潮把袜品推上了风头浪尖，袜品相融于服装种类中的上衣、裤装、裙装，成为穿着的重要组成部分。针对袜品进行的设计也日益受到设计师们的重视与青睐。

3.3.1　船袜

船袜最初起源于日本，用于屋内光脚穿着。自 20 世纪 80 年代随着网球运动的兴起而盛行，目前在国际上颇为流行。这种短袜款式的袜口长度顶多到脚踝，由于穿上以后袜子的外形像船，因而得名"船袜"。

船袜主要用来搭配短裤或短裙进行穿着，尤其适合运动休闲风格穿用，从而对整体着装起着营造视觉美感的作用。船袜的款式、材质、色彩及图案可随着具体着装进行灵活搭配。如图 5-57 所示。

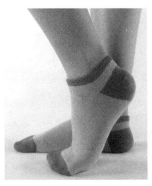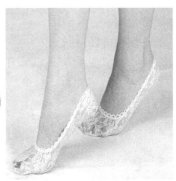

（1）运动船袜   （2）休闲船袜   （3）蕾丝船袜

图5-57 船袜

3.3.2 棉袜

泛指日常穿用的短袜,是袜品生产大类。依据具体穿着人群的性别、年龄,设计元素使用略有不同。其中,图案和色彩设计是棉袜的重点(图5-58)。

（1）男袜   （2）女袜   （3）童袜

图5-58 棉袜

3.3.3 打底袜

打底袜一般和裙子或长款毛衣搭配,起到打底的作用。同时,它又兼具轻巧、保暖、塑型的功能,伴随着近几年时尚潮流的热需,打底袜的色彩打破了传统的肉色、黑色,呈现出色彩斑斓的变化;其图案、组织的变化也是层出不穷。如图5-59所示。

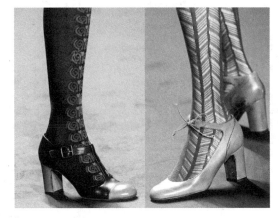

图5-59 打底袜

4　技能训练

4.1　技能训练实例

实例：男士围巾设计（图5-60）

（1）资料收集：根据技能训练题，开展男士围巾市场调研、网络资讯相关材料的收集。

图5-60　男士围巾参考图

（2）款式分析：图5-60所示的几款男士针织提花围巾是经久不衰的典型款式，采用的是双面圆筒提花组织，几何图案为基础的四方连续，简明又不失丰富的视觉效果，含灰色调为主，且正反面颜色有变化。

（3）模仿设计：以男士针织提花围巾为参考，充分运用其典型设计手法，设计出新的款式。

款式设计（图5-61）：

图5-61　男士围巾设计图

4.2　技能训练题

以花卉为主题，设计一系列四款的女童（小童）围巾。

任务四　成型毛衫工艺设计

1　任务描述

随着针织服装在人们的衣橱中占有越来越大的比重,羊毛衫也从内搭逐渐转型成外衣。从最初的棒针编织到现在的电脑横机,如何进行工艺计算显得尤为重要。成型毛衫在生产时与裁剪类针织服装有明显的不同,其需要将各部位尺寸转换成针数和转数。本任务通过介绍毛衫企业常用的工艺计算,使读者便捷地掌握成型毛衫的工艺设计。

2　任务目的

通过本任务使掌握成型毛衫产品的设计,能进行不同款式的毛衫工艺设计。

3　知识要点

3.1　工艺计算注意事项

前片一般比后片多摇一转,多摇出来的这一转要放在挂肩收针的地方,即不能放在侧缝平摇的地方,要保证平摇转数相等套口才能正常完成。

前片的宽度一般也要比后片大,但不能超过三五针,到底多几针还要根据下摆罗纹的组织来定。如果是1+1罗纹,在整除的基础上多一针。如经过计算前片是30针,1+1罗纹是一条两针,三十除以二可以整除,但是要加一针,即为31针。若为2+1罗纹,取针原则为整除保证条子完整性。如计算是30针,2+1罗纹一条三针,30针可以整除3针,取30针。

领子的收针原则:领子不能0.5转收针,要先快后慢收。如先一转收一针,后两转收一针。若为圆领,中间平位部分为7.5 cm,领子太宽的(如三十几厘米的领宽)平位部分取10 cm。

每次收、放针都要有平位。

挂肩的收针:挂肩开始收针时,先平收2 cm,然后收5.5~6 cm,一般情况下女款5.5 cm,男款6 cm。而前片挂肩收针可以先多收针后放针,一般多收1 cm,即调整为女款收针6.5 cm,男款收针7 cm。

至于应该在多少转范围内进行多少针的收放,利用收放处的尺寸差值乘以密度计算即可。

3.2　衣片工艺及打算

A.计算胸宽:

$$针数=胸宽尺寸×横密+摆缝耗×2;$$

注意:缝耗细机2~4针;粗针1~3针。

B.前后片身转数分配:(1)平肩和拷针的前身比后身长1~1.5 cm;(2)平袖斜肩的前后基本相同;(3)斜肩袖的后身比前身长2~6 cm。

C.挂肩收针的针数:前后胸宽针数减去前后上大身肩宽的针数然后除以每次两边收去的针数。注意:收针长度男为7~10 cm,女为8~12 cm。

D.袖的计算:

$$平袖袖长 = 袖长尺寸 - 袖口罗文长度 \times 直密;$$
$$斜袖袖长 = 袖长尺寸 - 袖口罗文 \times 1/2 领宽 - 领边宽 \times 直密。$$

E. 袖宽针数：

$$袖宽针数 = 袖宽尺寸 \times 2 \times 横密$$

F. 袖山头针数：

$$袖山头针数 = (前身挂肩平摇转数 + 后身挂肩平遥转数) \div 直密 \times 横密$$

此法是算平袖品种，斜袖品种山头宽度男女衫为 4～10 cm。

G. 袖膊收针：

$$袖膊收针 = (袖宽针数 - 袖山头针数) \div 每次两边收去的针数$$

3.3　罗纹的排针和计算

A. 下摆罗纹排针：

(1) 1 + 1 罗纹排针（条）：

$$1 + 1 罗纹排针（条）数 = (胸宽针数 - 快放针数 \times 2)/2$$

开衫产品罗纹针数与胸宽针数基本相同，快放针数一般每边取 0～2 针，套衫罗纹排针比大身少排 4～6 针，亦即每边取 2～3 针。

放针方式视成衣工艺手段与坯布结构而定。

(2) 2 + 2 罗纹排针（条）：

$$2 + 2 罗纹排针（对）数 = (胸宽针数 - 快放针数 \times 2)/3$$

2 + 2 下摆罗纹放针规律基本同 1 + 1 下摆罗纹，2 + 2 罗纹翻针大身时前后针床相邻两队 2 + 2 罗纹将合并一对。

B. 袖口罗纹排针：

$$1 + 1 罗纹排针（条）数 = 袖口针数/2$$
$$2 + 2 罗纹排针（对）数 = 袖口针数/3$$

C. 罗纹转数：

$$罗纹转数 = (罗纹长度 - 起口空转长度) \times [罗纹纵密（转数）/10)]$$

注：纵密、横密单位为"10 cm 长度内的线圈个数"；

　　起口空转长度一般为 0.2～0.3 cm。

3.4　毛衫领片工艺

领片的工艺参数根据套口机型号计算得来。

(1) 套口机机号为 14G，即一英寸 14 针，也就是一公分 5.51 针，取 5.5 针，依据此数据可得出排针数。如果衣服的领圈周长为 50 cm，那么 50 cm * 5.5 针，可得此领片理论上排针数为 275 针。

(2) 其实在领片排针计算时领片本身的密度松紧可以暂时不要考虑，就是没有领片的横密也能把领片的排针计算出来。因为领片在套口的时候是对针眼的,即无论密度或大或小,套口的时候它总是套掉一个线圈,一公分里总是要套掉5.5针个线圈。

（3）领片的密度仅是个参考,不能太松或太紧。松了领子很容易变形;紧了套口难套成品发硬,在脖子上感觉也不舒服。

（4）计算领圈的周长:

普通的圆领:领宽 * 2 + 前领深 + 后领深。

V 领:先通过领宽和前领深利用勾股定理计算出 V 领的两条斜边长,再加上领宽和后领深即可。

4　技能训练

试根据自己的尺寸进行基本款成型毛衫的工艺设计。

参 考 文 献

1. 毛莉莉.针织服装结构与工艺设计[M].北京:中国纺织出版社,2006.
2. 李津.针织服装设计与生产工艺[M].北京:中国纺织出版社,2005.
3. 宋晓霞.针织服装设计[M].北京:中国纺织出版社,2006.
4. 沈雷.针织服装设计[M].重庆:西南师范大学出版社,2009.
5. 贺树青.针织服装设计与工艺[M].北京:化学工业出版社,2009.
6. 郭凤芝.针织服装设计基础[M].北京:化学工业出版社,2008.
7. 谭磊.针织服装设计与工艺[M].上海:东华大学出版社,2012.
8. 谢梅娣.针织服装结构设计[M].北京:中国纺织出版社,2010.
9. 沈雷.针织毛衫设计创意与技巧[M].北京:中国纺织出版社,2009.
10. 倪军.针织服装产品设计[M].上海:东华大学出版社,2011.
11. 陈继红.针织成型服装设计[M].上海:东华大学出版社,2011.
12. 沈雷.针织内衣款式与装饰设计[M].上海:东华大学出版社,2009.
13. 秦晓.针织产品设计与开发[M].北京:化学工业出版社,2015.